Idea man

Idea man

Idea man

Idea man

暢銷新版

牛津人的30堂獨立思考與精準表達課

オックスフォード流 自分の頭で考え、伝える技術

思考無法整合，想不出好的詞語，無法正確傳達給別人……
跟著全球頂尖學府牛津大學，學習跨世代傳承的思考與表達技巧

東京外國語大學總合國際學研究院教授／牛津大學教育學博士
岡田昭人｜著
邱香凝｜譯

推薦序

當你提出一個理論，接踵而來的就是一百個疑問和一百個反對，這就是思辨的開端

英國牛津大學化學博士
明道大學講座教授　陳耀寬

岡田昭人教授這本《牛津人的30堂獨立思考與精準表達課》，讓我回想當年在牛津大學求學唸博士時的學習點滴，身同感受書內所提到的牛津人的學習特色，每當學生辯論時的腦力激盪，經由不同領域的學生，依不同思考角度邏輯與模式互相討論探索真理，這是訓練出牛津學生的獨立思考判斷與表達的教育特色，也是一般大學生較缺乏的能力。

岡田昭人教授在此書中詳細描述自己在牛津的求學經驗，並闡述出日本教育和牛津教育制度的不同，凸顯出現在教育制度較缺乏給學生創造力、思辨力、批判力、以及表達力，看完此書就能了解，現在的教育應加強學生的獨立思考溝通表達技巧，以增加學

生競爭力。另外，作者也強調牛津教授是個別指導，也就是因材施教，教學沒有固定的答案，沒有固定的題目，論文研究方向自己找，指導教授開書單開課程，學生自己決定要不要去上，這種自主自由式的學習，也造就獨立學習的能力，讓學生能培養出不一樣觀點思維和創見。

牛津人的獨立思考與表達技術源自牛津大學辯論社Oxford Union，牛津人的思辨，從一杯啤酒、一杯咖啡開始，就可以滔滔不絕的激辯和討論，早上和下午的Tea time也是各個領域學生聚集思辨的熱門時段，從天氣、足球，聊到外太空的希格斯粒子、下內子宮甚至DNA。當你提出一個理論，接踵而來的就是一百個疑問和一百個反對，這就是思辨的開端，也就是這樣的過程訓練出牛津人的獨立思考與表達技術。牛津人流傳一段為什麼讀書的理由，這段話就像我們常說的溫故知新吧！

The more I study, the more I know.
The more I know, the more I forget.
The more I forget, the less I know.
So, why I study.

牛津人在學院吃飯的餐廳Dining Hall也是學習和知識傳遞及磨練的地方，電影《哈利波特》中學院內的餐廳就是牛津學院內的餐廳，也是學生和老師每日見面討論傳授學問的場所。以我當年在牛津大學時的三一學院（Trinity College）為例，每個人進入餐廳必須穿著學袍（Gown）。餐廳的長桌分為一般桌（Common Table）和高桌（High Table）兩種；院長、學者和老師坐在上面的高桌，且穿著的學袍也不一樣。一般學生分大學生和研究生，大學生穿短學袍，研究生穿長學袍。學生中最顯目的就是學者袍（Scholar Gown），也就是成績一等，榮獲獎學金的學生，甚至也可以坐上高桌和師長們一起吃飯，代表著學生的榮譽與學術專業的象徵，也是尊師重道，並給學生聞道有先後，術業有專攻的認知。餐廳四周的牆上掛滿學院內傑出的學者和偉人，吃頓飯下來，一抬頭就得警惕自己要見賢思齊，努力向上。

閱讀岡田昭人教授此書的深入剖析，可以瞭解牛津人的思考模式及做學問的方法，進而學習牛津的精神，讓自己也能學習獨立思考，訓練判斷能力，成為善於應用溝通及具有思辨能力的人。

最後，讓岡田昭人教授帶領讀者藉由：準備、思考、話語、表達、反饋，來學習牛津人經過千錘百鍊的獨立思考及溝通技巧。

前 言

牛津大學的畢業生，為什麼能在短短數年中，就學會實踐「知識」的訣竅？

「牛津」——各位聽到這個詞彙時，腦中會浮現什麼印象呢？

英國悠久的歷史與傳統、世界頂尖的學術、貴族與皇室上的大學……一切的一切似乎都超乎我們一般人的日常生活，彷彿是另一個世界。

牛津大學（簡稱OXON）創校至今已經歷好幾個世紀，不僅傳授頂尖的知識與技能，開發了無數學生的創造性，更培養出許多活躍於國際舞台的卓越人才，是一所聞名世界，廣受推崇的學校。

本書以我在牛津大學學習的經驗為基礎，為讀者介紹「如何用自己的頭腦獨立思考與表達」，並教大家如何學會這門技術。

跨世代傳承的牛津人思考術與表達技巧，只要在日常生活中花一點小心思，其實是人人都能輕易學會的技術。撰寫本書的目的之一，也是為了推廣這個概念。

牛津大學位於倫敦西北方，搭電車約一個小時車程，至今仍瀰漫著中世紀氛圍的美麗城區。牛津大學的學制與日本的大學完全不同，是一所採「學院制」（寄宿式）的獨特大學。根據英國教育專門雜誌《泰晤士高等教育》（*Times Higher Education*）每年發表的世界大學排名，牛津大學與哈佛大學、劍橋大學齊名，無論研究等級、教育品質、學習環境的充實度、留學生與外籍教師人數等國際化指標，都是全球數一數二的學校。這裡有來自世界各地的優秀學生，胸懷遠大抱負，日日勤學不倦。

一如書中所介紹，牛津大學的學生在學期間，每天在校內接受來自各領域的教授及頂尖學者嚴格的知識訓練，師生雙方以認真、嚴謹的態度反覆辯證，並從彼此討論、對話的過程中激盪出新的創意點子及全新的技術。這樣的成果背後，有著牛津大學**在漫長傳統中所建立的對「知識」追求的熱情、獨特的教育方法，以及支持熱情與方法的堅定哲學**。牛津大學始終在世界大學排名保持名列前茅的原因也就在這裡。

「牛津」（Oxford）地名的由來，始於昔日人們牽引公牛（ox）橫渡泰晤士河的渡口（ford）所在。現在牛津市的市徽上仍繪有公牛與河川的圖樣。知道了由來之後，聽到「牛津」這個地名時是不是覺得親切感倍增呢！

因此，為了讓本書的讀者對「牛津」的形象產生更多親切感，也為了以更清楚易懂的方式說明何謂「獨立思考與表達的技術」，在此請到吉祥物角色「阿牛」出場。

引領世界「知識」的牛津人

牛津大學人才輩出，至今培養出不少領袖級的政治家與財經界人士。包括柴契爾夫人（Baroness Thatcher）與東尼．布萊爾（Tony Blair）在內，共有二十六位英國首相畢業於牛津大學。還有以「無形之手」（invisible hand）聞名於世的「經濟學之父」亞當．史密斯（Adam Smith）、著有《利維坦》（*Leviathan*）一書的哲學家湯瑪士．霍布斯（Thomas Hobbes）等歷史上著名的人物，及創作出《愛麗絲

夢遊仙境》的數學家兼小說家路易斯・卡羅（Lewis Carroll）、《魔戒》的作者托爾金（John Ronald Reuel Tolkien）、扮演「豆豆先生」的知名演員羅溫・艾金森（Rowan Atkinson）等，都是牛津大學畢業的。

此外，緬甸民主運動的領袖翁山蘇姬（Aung San Suu Kyi）、罹患絕症仍不放棄探究宇宙根源的物理學者史蒂芬・霍金（Stephen Hawking）……等，牛津大學也孕育出超過五十位諾貝爾獎得主。在體育界，則有包括頂尖橄欖球員在內的眾多運動選手在學中，堪稱一所文武雙全的大學。對日本人而言，由於牛津大學是德仁天皇夫婦的母校，更成為令人嚮往之處。

牛津大學網羅了全世界的精英，不只歐美各國，還有來自亞洲、中東、非洲等國的優秀學生，在此勤學不倦，彼此切磋砥礪。教授陣容更是一流，集結來自研究與教育界數一數二的智慧，對學生加以指導。

牛津的畢業生，有人活躍於財政界與商界第一線，有人成為醫生、律師、大學教授、藝術家……無論男女都獲得了極大的成功。舉例來說，日本ＳＯＮＹ的前ＣＥＯ霍華德・斯金格（Howard Stringer）就曾在牛津大學的研究所中學習近代史。

牛津與劍橋兩所大學向來被合稱為「牛橋」（Oxbridge），兩校畢業生組成的同學會網絡遍及全世界，藉由定期舉行的聚會交換情報，拓展人脈。想當然爾，牛橋畢業生們對世界政治、經濟與醫療等領域的影響力，也就更難以估計了。

曾經就讀牛津大學的人，畢業後之所以能活躍於各個不同領域，最大的原因即是他們充分發揮了即將在本書中介紹的「用自己的頭腦獨立思考表達」的技術。換句話說，他們在學校裡學會了如何實踐「知識」的訣竅與方法，進而在各個領域中發揮力量。這項至今仍在牛津校園中傳承的技術，究竟要如何學會呢？我會盡可能在書中詳盡說明。只要一頁一頁看下去，就會愈來愈明白了。

在此，請容我做個簡單的自我介紹。

我從日本的大學畢業後，便買了一張單程機票赴美，進入紐約大學就讀研究所，專攻異文化溝通，並取得了碩士學位。之後，我又立刻進入英國牛津大學教育學研究所（GSES）攻讀博士學位。選擇留學牛津的原因，是因為我認為這裡聚集了來自世界各國的精英人士，是鑽研知識，學習成長的最佳場所。

我的博士課程專攻教育學，論文內容寫的是關於日本與英國教育政策的比較，我也是第一個在GSES取得博士學位的日本人。

現在，我在東京外國語大學（東外大）教授比較國際教育學與異文化溝通。在東外大，學生們可學到全世界約三十多國家的語言與地域社會文化。大一及大二這兩年會先以密集的訓練和學習，打好專攻語言的基礎，升上三年級之後，大多數學生都會前往專攻語言的國家留學一年左右。回國後，他們的該國語言能力也已成長到日常生活會話毫無滯礙的程度。同時，校園內也經常可見來自世界各國的留學生，提供在校生國際化的學習環境。

我每天都將自己在牛津時所學到的各種知識與技能，實踐於教學中，只要看到學生們學會這些知識技能，我就能從中感受自己生存的價值。

在出國留學之前，我是個不怎麼喜歡讀書學習的人（老實說，根本是完全不喜歡）。回頭想想，或許是因為我並不適應日本的教育制度和學習型態吧。這樣的我，直到離開日本，在國外累積許多學習經驗之後，才真正從「學習」中獲得樂趣。

日本的學校，是以教師單方面對學生傳授知識的「灌輸型」教育為主流。這種方法的好處是，能在短時間內有效率地對為數眾多的學生傳授一定程度的知識。不過，卻不適合促進學習者自行發現並解決問題點，也無法培養出積極表達自我意見的能力。

相較之下，歐美各國的學校一般採用「以學習者為中心」的教學方式，在課堂上讓學生充分討論，再藉由教師的輔助指導，加深學生對知識的理解。此外，學生從小就接受到彼此交換意見、互相討論及批判論證的訓練。這與「灌輸型」教育的方式截然不同，在將知識傳遞給學生時，或許並不適合使用這種教學方式，卻能**幫助學生養成「創造力」、「討論力」，以及向別人表達自我主張，說服別人理解的「溝通力」**。

日本與歐美在教學方式上的差異，已經證實對於人格養成也會造成很大的影響。不只如此，離開校園進入社會後，箇中差異與影響更是清楚浮現。

國際性的商業活動、學會、聯合國機構的會議……我每天都和來自各種不同背景領域的人們在這些場合交流。因為彼此都站在以自己的單位為優先的立場，有時不得不面臨激烈的議論，而在國際學會上發表時，我也曾接受其他國家研究者毫不留情的批判與指教，這些都會造成相當程度的壓力。因此，當我開始以研究者身分展開活動時，只能用勞心勞力來形容。

然而，只要試著仔細觀察這些場合，尤其是歐美各國的研究者，就會發現他們不但不排斥加諸自己身上的批評，反而以肯定的態度接受別人的指教，甚至以充滿活力的態度提出反駁、參與討論。那種態度，簡直就像享受某種遊戲樂趣的孩子。

人們透過不斷反覆的對話溝通，將彼此的思考方式提升到「更高的次元」，其背景其實來自從古希臘、古拉丁持續至今的思考文化傳統。簡單來說，這是一種**思想哲學**，認為相互「批判」是為了促進彼此知識發展的「好事」，也是「求之不得的事」。

牛津式的做法就是「造成破壞」

在日本與歐美各國之間，就連學校的教學方式都如此截然不同，更別說在商場上的談判方式、討論方式、舉手投足的態度甚至儀容外表……老實說，兩者之間都有很大的差異。而這種立場的形成便是基於歐美各國的主導，也就難怪日本無論如何都得屈居人後了。

政治、外交、經濟、商業、教育……在社會上的各個領域，由歐美各國引領的全球化局勢日益壯大，似乎沒有收斂的一天。綜觀今日世界情勢，我們如果想和歐美人站在對等的立場競爭甚至在競爭中勝出，或許必須學會各種場合都能派上用場的牛津式「用自己的頭腦獨立思考與表達」的技術。

在出版這本書前，我曾寫過另外一本《未來你是誰：牛津大學的6堂領導課》。書中提及牛津大學採用的「教學法」，也具體介紹了我在牛津大學的種種留學體驗。在那本書中亦曾提及，如果要用一句話來形容牛津大學的教育理念，那就是**「打破常識」**（詳情可參閱該書）。牛津教育是如何培養不受常識侷限的人才，我也在那本書中詳細描述過了。

至於本書，將不再站在「教學方」的觀點，而是從「學習方」的觀點出發。換句話說，這次我想寫的是**在牛津大學受教育的人「用什麼樣的方式思考」，同時能夠如何有效率地將自己的思考對他人「表達」**。我將在書中以簡單易懂的方式寫出上述過程與步驟。

何謂牛津人「用自己的頭腦獨立思考與表達」的技術？一言以蔽之，那就是**「造成破壞」**。

在我們日常生活中，經常必須面對與人溝通時的種種難題。即使是夫妻、親子或兄弟姊妹等親密關係的對象，都有無法讓對方理解自己意思的時候。更何況是上司與部下、教師與學生或同事與同事之間的關係，問題往往更是複雜難解。

在牛津大學學習的人，除了接受學術方面的訓練外，更要學會如何「破壞」人與人之間溝通的「障壁」，也就是「突破障礙」的技術。

此外，**在牛津學習的過程中，我們也會將「用自己的頭腦獨立思考、表達」時產生的種種障礙視為「面對原本的自己」、「朝更高層次的自己進化」的機會，積極地去跨越、回顧、朝下一階段邁進。在牛津大學，這才是最受到重視的精神。**

造成破壞的步驟

無論在學術活動或商業活動進行的現場，今日的溝通方式皆已有了很大的改變。組織的統合與廢止、全球性的人才交流、工作方式的多樣化……等等，很多時候已經無法再採行過去事物進行的方式。

在這樣的環境下，牛津式「獨立思考表達的技術」，將成為最有效果的武器，幫助我們克服自己和對方之間溝通時的障礙，促成對方期待我們採取的行動。

本書傳授五大方法，教讀者如何將自己的想法正確傳達給對方，如何推動自己的想法，以及如何更有效率地建立溝通策略。這五個方法就是**「計畫」→「生產」→「包裝」→「流通」→「事（售）後服務」**，與商業生產過程中，商品的「生產流通管理系統」不謀而合。

我認為，牛津式的「獨立思考表達技術」，也可以說是為了打破自己與對方在溝通時產生的障壁所需的「思考表達過程」。

這個過程由以下一連串步驟組成：

①準備（計畫）→②思考（生產）→③組織話語（包裝）→④表達（流通）→⑤反饋（售後服務）

①「用自己的頭腦獨立思考、表達」所需的「準備技術」；
②在自由的學習環境中培養「如何用自己的頭腦獨立思考」；
③以嚴格知識訓練下的思考為基礎的「組織話語的技術」；
④透過與各種人的溝通培養「表達的技術」；
⑤回顧自己的行動，找出改善點的「反饋技術」。

這就是牛津式的「思考表達過程」。先有充分的「準備」，再自己「思考」、「組織話語」、向對方「表達」，最後「回顧」全部的步驟，做出「反饋」。

受過牛津大學學習環境下的嚴格訓練，學生們都能具體實踐上述具有一貫性的「思考表達過程」。畢業後，**無論前往世界各個角落，也能據此日日精進自我，發揮自己的力量與存在感，開拓屬於自己的道路。**

近年來，經常在書店看到以不同主題呈現「思考技術」、「表達技術」、「反饋技術」（改善方式）的書。因應商業或研究等各種不同場合，這些書籍介紹的無疑是非常重要的技術。不過，至今仍幾乎沒有看過將這幾種技術關聯整合，幫助讀者綜合學習其中力量的書籍。

在此，將「用自己的頭腦思考」、「表達」以及藉由「回顧」獲得改善的「反饋」過程集結為一，以簡單易懂的方式傳授讀者各階段必要的技法，這就是我撰寫本書真正的目的。

本書是以我在牛津大學留學時的實際學習經驗為基礎，將「獨立思考、表達的技術」分別編成六個章節，以三十個案例具體呈現。同時，從第二章起，各案例（第二個項目之後）開頭都會記載該項目最重要的「Point」（重點）。換句話說，本書將以「無論從哪個章節、哪個案例開始讀都能輕鬆理解」的方式構成。透過實際案例、插畫、圖表與練習題等簡單易懂的方式介紹，力求完成一本讓讀者學起來輕鬆有趣的新型態商業書。

衷心希望各位讀者都能從這五大步驟中習得「牛津式獨立思考表達技術」，並加以運用在上司與部下、教師與學生、父母與子女……等等日常生活的人際關係中。

岡田昭人

Chapter 1

牛津的風格

Chapter 2 牛津式「準備技術」——做好拿出成果的準備

Chapter 3 牛津式「思考技術」——用自己的頭腦獨立思考

Chapter 4

牛津式「話語技術」——創造獨家話語的技術

Chapter 5

牛津式「表達技術」——打動對方的表達方式

Chapter 1

牛津的風格

Dominus illuminatio mea.

上主之光引導我。

（牛津大學校訓）

01 在牛津式「對話」中養成

「有許多地方對我而言曾經刻骨銘心，
其中有些早已人事全非，也有些地方永遠不會改變。
有些地方已經不存在，也有些依然如昔。」

這是來自英國，也是全世界最著名的樂團「披頭四」的歌曲《In My Life》中的一段歌詞。

每個人記憶中，一定都有一些難忘的地方吧。那或許是出生長大的故鄉，或許是度過青春時代的場所，或許是成家立業時居住的都市，總之，那是一生無法忘懷的地方。

對我而言，牛津大學正可說是那個「刻骨銘心的地方」之一。

人生中，總是會發生一些意想不到的事。

過去的我，做夢也沒想過自己會「留學牛津」、「和來自全世界的精英交流」。我在日本泡沫經濟時期度過大學時代，那時的我無心向學，只是盡情享受快樂的學生生活，就是一個隨處可見的平凡大學生，根本沒有想過自己會擁有什麼樣的未來。然而，這樣的我卻在日後前往牛津留學了。當我實際上披上黑色禮袍，在莊嚴肅穆的氣氛中出席開學典禮時，腦中甚至浮現「為什麼我會在這裡」的念頭。

中世紀流傳至今的壯麗建築、美麗的尖塔、種種傳統儀式、世界首屈一指的教授陣容、充滿使命感的學生、廣闊的放牧場、嬉戲的水鳥、響徹雲霄的鐘聲……這所大學的所有環境與文化，對當時的我來說，都是與過往人生無緣的事物。

為每個人帶來「成長空間」的牛津風格

檢視牛津大學的教育與學習，將會發現與日本國內的教育實是大相逕庭。在日本的學校或大學中，學生上課的方式是以聽講為中心。反觀牛津大學的學習，則是以閱讀大量文獻，寫下報告，與教授及同學展開一場又一場的討論為中心。

換句話說，**入學後，透過與他人的「對話」養成貫徹思考與表達的習慣，做為一個**

人，就能擁有更大的「成長空間」。這裡的「成長空間」具體來說，就是全體牛津大學在學生與畢業生（以下簡稱「牛津人」）共通擁有的能力，也可以說是「用自己的頭腦獨立思考表達的能力」。

一個人悶著頭思考，只會養成「纖細又容易折斷」的力量，唯有透過與他人的對話思考，才能養成適應各種狀況與人的「強健又柔韌」的力量。

無論在商場上或研究領域上，這種力量走到世界各地都能充分發揮，這或許就是人們認為「牛津大學的畢業生真厲害」的原因。

不過，我並不是想強調牛津人的這種能力有多厲害，我最想藉這本書傳達的是，**促進牛津人「成長空間」的牛津教育其實無關原本的能力與經驗，只要用心，任何人都可能在日常生活中養成與實踐**。同時，一旦學會了，就是你一生的「武器」。

事實上，回顧至今的人生，我在牛津的學習經驗、在牛津獲得的知識智慧，以及運用在人際關係上的「獨立思考表達技術」，到任何場合都派得上用場，有時甚至成為協助我擺脫困境的力量。

這份力量，正是我在《In My Life》歌詞中感受到的「刻骨銘心的地方」，也可以說是我的原點。

商業也好、教育也好、溝通也好……無論做什麼，重要的是擁有隨時都能歸返的原點。我衷心希望，本書能幫助讀者找到屬於自己的據點，也就是「原點」。

02 愈是「無用」的學問，愈具有重大意義

在牛津大學，一整年有各種不同課程、研習、演講與講座在學院裡的各個角落開課。每學期初會發給學生一本厚厚的「課程一覽表」（記載開課時間與地點等資訊的手冊），如果沒有它，要記住一學期內所有的課程時間幾乎是不可能的事。

除了政治學、經濟學、工學等日本大學也常見的普通學科領域之外，牛津大學還開了許多神學、修辭學、希臘語、拉丁語、美學……等一般人不熟悉的課程。

和日本的大學不同，牛津的學生沒有出席一般課程的義務。此外，只有上課也不會拿到學分。在這裡最受重視的，其實是稱為「tutorial」的一對一指導課程（本章第四節將對此做更詳細的敘述）。校方頂多獎勵學生們自由選修自己有興趣的課程，出席與否完全交由學生自己決定。

哲學是學問的基礎

進入牛津大學半年之後，除了自己隸屬的教育學研究所課程外，我開始想去上其他學部開的課。我心想，既然都要花時間上課，不如選擇向來被視為牛津最深奧學問，素有「難以理解」評價的「哲學」相關課程。

在那之前，我從未正式學過哲學。在一般人的想法中，除非想成為哲學家或哲學研究者，否則在現代社會中，哲學並不是一門能立即派上用場的知識。當然，過去的我也是這麼認為。

在牛津大學，有一條叫做「哲學之道」的路。這條細長的石板路，正好位於德仁天皇也曾就讀的墨頓學院（Merton College），與牛津最有名的基督堂學院（Christ Church）歷史悠久的校舍之間。

我還記得，當時想去上的是一堂叫做「十八世紀英國哲學」的課。走進教室，看起來像學生的頂多只有三、四個人，其中還有看來歲數相當大的長者。過了一會兒，一位一看就知道是哲學家的教授走了進來，突然開始對我們說起話。慚愧的是，我根本聽不懂他說的是什麼。因為專業術語實在太多了，不管我多麼用心聽，教授說的話聽在我耳中甚至不像是英文。那堂課就是這麼難懂。因為我曾留學美國，自以為一定能很快習慣牛津大學的環境，卻在這堂課上大受打擊。後來這堂課雖然勉強繼續上下去，但我好幾次都只能茫然地坐在位子上。

哲學這門學問，在牛津大學至今仍非常受到重視。這是因為，哲學本該是一切學問的基礎。牛津大學代代輩出的偉大科學家們，同時也都是哲學家。探究事物與人類本質的哲學，其學術地位更在現代經濟學、經營學、教育學、理工學等種種學科之上。

本書主題「牛津式獨立思考表達的技術」，其學術正是在這種尊重傳統與追求學問的習慣中孕育而出。

上了幾堂難以理解的哲學課之後，我逐漸明白了以下三件事。

❶「苦戰搏鬥」本身就具有意義

就算聽不懂講課的內容，或者甚至連課本的內容都看不懂也沒關係。聽不懂的時候還是能靠自己的頭腦思考，與上課內容苦戰搏鬥這件事本身才最重要。

我有不少畢業於牛津大學商業學院的朋友。和他們聊過之後我才知道，在牛津學到的哲學，其實在商業世界上也大大地派上用場。

在商場上，每天都有解決不完的問題，每天都在不斷地苦戰搏鬥。分析過去發生過的類似案例，或許能從中找到解決問題的靈感。不過，這裡的類似案例，指的並不僅限於發生於同業身上的例子，即使是完全不同業界的案例，有時也有參考的價值。

當上企業高層的人，必須擁有屬於自己的哲學觀與歷史觀，唯有如此才能以綜觀大局的觀點提出有效的解決方案，因此成功的情形更是不勝枚舉。這就是為什麼，在牛津大學時專攻歷史或哲學的人，畢業後仍然能夠活躍於商場的原因。

❷ 培養承受得住「進退兩難」的思考力

以「白熱教室」（日本ＮＨＫ教育電視節目）聞名世界的哈佛大學麥可・桑德爾

（Michael Sandel）教授也是牛津大學校友。他在大學裡開的課，以生動積極的「對話」形式進行，大受學生歡迎，每一堂課都是座無虛席。

桑德爾在就讀牛津大學時，研究的是「政治哲學」。與其他學問相比，「哲學」這門學問相對無趣又難懂，一方面要讓學生容易理解，同時還要激發教學與學習的熱忱，但到底該怎麼做呢？桑德爾的政治哲學課選擇了人類面臨的「進退兩難」題材，特徵是讓學生在辯證討論中加深對人類本質的理解。所謂進退兩難，簡單來說就是「夾在中間的痛苦」。

一起來看看桑德爾上課的狀況吧。（參考書籍：《正義：一場思辨之旅》麥可・桑德爾著）。

各位遇到下面狀況時會怎麼思考呢？

【狀況1】

一位印度貧農為了籌措讓兒子上大學的經費，將自己的一顆腎臟賣給等待進行臟器移植手術的美國人。這位美國人的孩子罹患重病，需要移植腎臟才有可能痊癒。

上述行為對大部分人來說，或許都能視為「為了讓兩個家庭得到幸福，這也是無可奈何的犧牲」而接受吧。不過，故事還有下文。

【狀況2】

事實上，貧農還有另一個孩子也想上大學，此時又出現了另一個同樣需要腎臟進行移植手術的人，想用高價收買農夫另一顆腎臟。由於農夫只剩下一顆腎臟，一旦賣掉，自己就活不成了。

各位能接受「狀況2」發生嗎？還是會持反對意見？

在桑德爾的課堂上，就是將這種「進退兩難」置入現實生活，目的是對學生提出「何謂正義」的質疑，告訴他們持續思考的重要性。

就像這樣，對牛津人而言最重要的事情之一，就是「即使面對無法裝作沒看見的兩難狀況，也要不斷思考到最後一刻」。

❸ 培養洞察力，察覺別人察覺不到的問題

哲學追求的是人類的「理想」，哲學的使命是思考如何達成理想的方法。這種對思考的鍛鍊，能幫助我們養成在日常生活中發現問題的能力。

這裡所說的「問題」指的是「理想與現實之間的落差」。唯有先認知這種「落差」，才能看得出「問題」所在。所謂的「理想」也可以說是「理應呈現的樣貌」，換句話說，若是**對人類「理應呈現的樣貌」不感興趣，就無法感受到「問題」所在。**

如何更有效率地習得畢業後立即在現實社會派上用場的速成知識與技術，是如今日本的大學最重視的事。這麼一來，實用性高的學問領域自然會受到最多人歡迎。

相較之下，**牛津大學的哲學課之所以能博得師生的尊敬，是因為大家都想思考光靠速成知識無法解決「事物與人類的本質」，想對其中發生的「問題」加以理解的緣故。**

接下來，我將盡可能以具體的案例來說明牛津大學代代相傳的「關於人類本質之思考的訓練方法」。

03 牛津式創意思考的誕生步驟

這是發生在牛津大學教育研究所某課堂上的一段對話。

教授：「請簡單說明什麼是『絕對命令』。」
學生：「『絕對命令』是哲學家康德在道德形上學……（以下省略）」
教授：「很好。對了，你每天花在學習的時間有多長？」
學生：「至少六小時。」
教授：「下一個問題。你認為學習是什麼？」
學生：「……」

打從我們懂事起，大人就經常告訴我們「要用功學習」。日本的教育素有「考試地獄」之稱，孩子們從小就被丟進不斷競爭的環境中，為了盡可能考進更好的學校，過著每天補習的生活。這就是我們對「學習」抱持的印象。

可是，一旦像前面那樣面臨「學習是什麼」的問題時，不管是誰都會窮於回答。

不懂「學習之樂」的日本人

美國教育心理學家班傑明・布魯姆（Benjamin Samuel Bloom）將教育目標分為「頭腦、心、身體」三個領域，並各自分類為以下幾個階段。

①記憶（remember）→②理解（understand）→③應用（apply）→④分析（analyze）→⑤評鑑（evaluate）→⑥創造（create）

這稱之為布魯姆的「教育目標分類學」。簡單來說，就像是一張「學習階段示意圖」。知道這六個階段的特徵後，就能清楚掌握現在自己的「學習」來到什麼階段，是進步還是退步，或是在同一個階段上上下下。左圖的六階段思考解說圖，在全世界教育

學習階段示意圖（教育目標分類學）

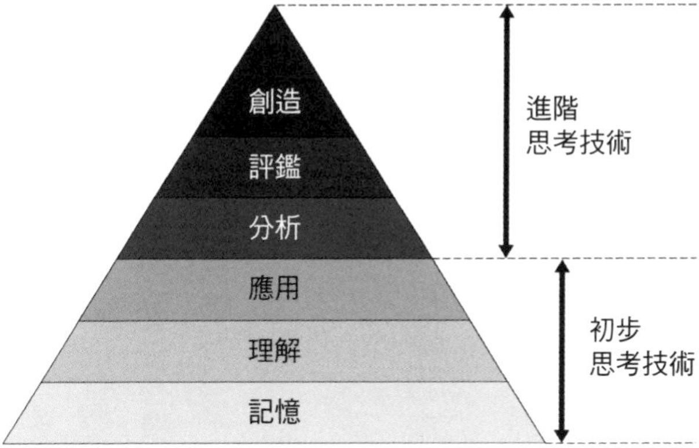

場合皆受到廣泛的應用。

根據布魯姆的說法，「記憶」、「理解」與「應用」這三階段的學習型態，屬於教育目標中的「初步思考技術」。這三種初步的思考技術，是為了往更高階段進階而做的準備，當然也是學習過程中不可或缺的技術。只是，這三種技術多半需要反覆暗記與背誦，很快就會令學習者失去新鮮感而厭倦。

另一方面，「分析」、「評鑑」與「創造」則屬於「進階思考技術」。到了這個階段，學習者便能夠運用已經學到的知識及技術，享受創造新點子等創新的樂趣。因此，必須到這個階段，學習者才終於能感到「學習」是有趣而快樂的事。

根據布魯姆的分類，日本教育是典型的

「應考式學習」，換句話說，學到的只是對知識的記憶、理解，以及應用在考試上的技巧，屬於「學習行為」中的「初步思考技術」。

在此我想強調的是，日本人或許認為自己從小就拚了命地「學習」，卻從來沒有思考過其中的意義何在，學習的目的僅僅是應付考試，只是為了考上好學校罷了。

因此，日本的學生從來沒有機會發現，只要到達「進階思考技術」的境界，等待自己的就會是一個「懂得學習之樂」的世界，永遠只在初步思考技術的階段轉圈圈的結果，就是日子久了失去學習動力，變成討厭學習的人。

讓「學習」變有趣的六個步驟

既然如此，該怎麼做才能讓每天的學習變得更加有趣呢？牛津大學的教育正實踐了這一點。透過這樣的教育，成功教出日本大學教育無法教出的「思考步驟」。

以下介紹的是以「自己感興趣的事」為主題，按照布魯姆「教育目標分類學」的步驟，依序提高思考力的方法（在此以「學外文」為例）。

STEP①「記憶」

盡可能獲取與「感興趣的事」相關的知識。

・背誦「外文」的單字與文法。

STEP②「理解」

確認自己對「感興趣的事」理解到何種程度。

・透過基礎測驗判斷自己「理解了多少（或尚未理解多少）」。

STEP③「應用」

試著應用實際獲得的知識。

・發揮已學得的知識反覆練習應用題。

STEP④「分析」

分析自己「為什麼會」與「為什麼不會」。

・分析是否因受到母語限制而對外語產生錯誤理解。

STEP⑤「評鑑」

藉由比較來描繪自己的學習特徵。

・比較開始學外文時的程度與現在的程度，比較得高分的情形與沒有得高分的情形，藉此釐清自己對語言理解力的強項和弱點各是什麼。

STEP⑥「創造」

設計場景與時間，展現學習成果。

・選擇幾個特定的單字與句型，配合自己的「喜好」設定場景，試著在限定時間內做出實際的對話範例。透過自行造句的方式運用原本完全不懂的外文，能讓這個新的語言能力內化為自己的東西。此外，可以請該語言的母語者訂正自己表達錯誤的地方。

這個方法最重要的一點，就是一定要先對「感興趣的事」做好基礎理解，再透過應用逐漸提高能力。最忌諱的就是跳過基礎的①②③步驟，直接進入創造性的④⑤⑥步驟。相反地，在完成①②③步驟後就「滿懷成就感」，認為自己已經達到目標不用再前進了，這也是不行的。

日本的學校教育往往只停留在「死背」、「理解」、「解答應用題」等初步思考技巧（儘管這也是不可或缺的階段），普遍來說，學生都沒有進入下一個階段，也就是能夠真正理解學習之樂的進階思考技巧的階段。

以上述學外文的例子來說，就是只死背了滿腦子的單字和片語，即使筆試能考出很高的分數，卻永遠無法進入使用外語與人溝通交流的階段。換句話說，學生還沒達到進階思考技術的階段，學習就結束了。

或許日本的學生一輩子都沒有機會認識布魯姆提倡的「教育目標分類學」，就這樣放棄學習了也說不定。

「學習」的英文是「study」。study的語源來自拉丁語的「studium」，意指「熱情」、「熱衷」或是「專注投入某事」的意思。

因此，我們也可以說，牛津人的「學習」是一種為了調查或研究而廢寢忘食的行為。各位讀者也曾有過沉迷於感興趣的事物時，感覺時間轉瞬即逝的經驗吧？那種時候，是不是一點也不覺得像在學校「學習」時那麼痛苦？

「學習」本來就應該是沉迷於自己感興趣的事物，在快樂中完成的行為。

04 「一對一指導」是增進思考力與表達力的特殊訓練

各位讀者都知道電影《哈利波特》吧。原作是英國作家J．K羅琳（J. K. Rowling）的奇幻小說，描述受到欺凌的少年哈利波特進入霍格華茲魔法學校接受嚴格訓練，在與宿敵的對抗中成長的故事。小說暢銷世界各地，電影也大受歡迎。事實上，電影中拍攝學校場景時，借用的正是牛津大學的校園。

牛津大學特有的「一對一指導」

前面也提到，我從日本的大學畢業後，便立刻前往國外留學。在國外，我發現日本與歐美的學習型態實在非常不一樣。

首先，我發現教室裡的學生無論年齡、人種和外表都呈現多樣化。和只聚集了同年齡層學生的日本校園不同，在歐美的大學中，光看年齡並無法判斷對方是不是自己班上同學。

教學方式也大相逕庭。日本老師習慣站在講台上，使用黑板對學生講課。歐美則不同，教師大多和學生一樣坐在附有小桌子的椅子上，所有人圍成一個可以看到彼此表情的圓圈，主要以討論的方式來上課。

教師只在課堂開始的時候做簡單的講解，接下來就負責扮演引導學生討論的角色，在學生討論時提供意見和調整討論內容，充其量只是站在輔助的立場。如此一來，課堂上往往分不清誰是老師、誰是學生。

在牛津大學一般的課堂上，大致上也像這樣以討論為中心。不過，牛津還有一種在日本或其他國家罕見的特殊課程。

那就是「一對一指導」。

這種一對一指導課一週舉行一次，每次一小時，由指導教授和學生一對一進行，有時也會採用一對多的方式與學生對話，在對話討論中加深每個人對研究主題的相關知識。學生每週需要閱讀幾本文獻或論文，再提出由教授指定主題的報告。報告必須達到一定程度的字數，因此準備報告需要花上許多時間和心力。光是讀完文獻或論文後的讀後感是不夠的，**必須針對教授指定的主題自行思考、分析，再提出明確的結論**。教授與學生在一對一指導時展開的問答內容，將以這份報告為基礎。這就是「一對一指導」的基本型態。學生們便是藉由這種課程，一方面學會如何評論對方的意見，一方面培養表達自我主張的能力。

教授與學生之間無法跨越的「隔閡」

如上所述，在牛津大學，藉由「一對一指導」這門課進行師生之間的知識傳達。不過，指導的一方與接受指導的一方，也就是師生之間的關係，並不像日本那麼友好。師生之間，有著社會地位造成的「隔閡」，絕對不允許跨越。

在牛津，有一個名為「高桌」（High table）的傳統。在《哈利波特》電影場景中也曾出現，那是大學餐廳裡一排特別高的桌子，用餐時教授們就坐在這裡，由上往下看學生們用餐的情形。這排桌子就是「高桌」，只有教授們與貴賓能坐，學生們不被允許坐在這個位置用餐。此外，在名為「Formal hall」的正式晚餐會上，規定所有人都要穿著正式服裝，教授和學生都要穿上大學指定的，有階級區分的學袍。

即使從用餐習慣這樣的小地方，都能看出牛津大學教授與學生之間社會地位造成的巨大隔閡。學生們在此除了學習之外，還必須承受得住這種壓得人喘不過氣的氛圍。

一起來嘗試「一對一指導」吧

剛進牛津大學沒多久時，一對一指導課令我感到非常痛苦。其實我也曾有過與指導教授一對一上課的經驗，然而，即使撇開對一對一課程的不適應不說，這門課還是給了我很大的壓力。

某天，我和同時期入學的同班同學聊起對一對一課程的苦惱。沒想到，原來不只是我，其他學生也和我感受到一樣的壓力。

於是，我又試著問同學們，在每次一對一課程前，他們是如何準備與思考對策的呢？結果你們猜怎麼著，來自不同國家、不同年齡、至今接受過各種不同教育的學生們，在面對一對一課程時，採取的竟然都是類似的對策。換句話說，在面對一對一課程時，一連串「用自己的頭腦思考、組織詞彙與表達」的過程，就某種程度來說，其實是萬人相通的。

接下來，我想請各位讀者也實際體驗看看這樣的「一對一課程」。請選擇一個自己感興趣的主題（比方說：行銷、育兒、學習英文、邏輯思考……等等）。

再按照以下步驟統整自己的思考，做好和教授討論的準備。

以正式一對一指導課的一星期時間為基準（請參考各步驟需要的大概天數）。

STEP 1 內容的記述與重點整理 最初的一到二天

①收集與主題相關的至少三到五冊文獻資料，先全部瀏覽一遍（掌握大綱）。

②讀第二遍時，集中閱讀自己特別感興趣的部分（聚焦出議題）。

③統整②的內容（整理重點，不超過五張Ａ４紙）。

※在這個階段，先不加入自己的意見與解釋，主要目的是針對書籍的內容與研究動向、作者意見等，做出正確的重點整理。

STEP 2 內容的解釋與選擇 第三到四天

④視情況再多讀幾次，寫下自己對③的想法（分析）。

⑤接著，將自己的分析內容分成「贊成」、「反對」、「其他」等類別（批判式的探討）。

⑥從⑤步驟分成的三類中，選出一對一指導課上想提出討論的部分（選擇與取捨）。

※在這個階段，可自由寫下自己的分析和看法。接著，再從中釐清哪些與書中意見或看法「相同」，哪些則與書中看法「不同」。對於和自己意見不同的部分，寫下批判式的見解，並去思考箇中原因。一定要寫下理由。

STEP 3 舉證與具體表達 第三、四、五天

⑦在依序經過①到⑥的步驟後，開始寫報告。報告通常由以下順序構成：⑴序章

（本次討論目的與問題設定）；(2)批判式的探討（讀過書本內容後，提出批判式的意見）；(3)自行分析（針對批判的部分提出自己的想法和意見）；(4)總結（整理討論結果做出總結，提出接下來可以思考的觀點）。

⑧收集並記述可佐證報告內容的學者意見、事例與資料（論點的依據）。

⑨一邊為進入下個步驟做準備，一邊適當重複上述各階段，慢慢寫下報告（淬鍊內容）。

STEP 4 展開討論與總結 第五、六、七天

⑩預測一對一指導課堂上教授可能提出的問題（為討論做準備）。

⑪擬定教授提出批判式意見時的對策（籌劃對策）。

⑫擬定下次上課討論的方向（確立今後議題方向）。

覺得怎麼樣？

當然，實際上的一對一指導課程，仍會因不同教授的個性和教法而採取不同形式，

寫報告的步驟也有可能因學生而異。不過，我認為大致上不管遇到什麼情形，學生在一對一指導課程前，大都會經歷上述思考與表達的過程。

事實上，這個準備的過程與步驟，可以實際應用在工作上的企劃提案、政府機構的政策發表、學生們製作報告……等等。

不過，牛津式一對一指導課程，在上課前至少需要一天八小時的預習時間，對過著忙碌生活的現代人來說，確實很難做到。

因此，本書試圖透過具體案例的分享和更簡化的方式，將從一對一指導等課程中習得的牛津式思考表達方法傳授給各位，盡可能使其能夠落實於日常生活之中。

05 透過「一對一指導」習得三種力量

在前一節中，我整理並說明的是在準備一對一指導課程時，鍛鍊出的思考步驟。

在本節中，我將透過實際上在一對一指導課程上與教授的對話，為各位展示學生如何學會批判力、討論力與問題解決能力……等種種能力。

牛津人會問「你正在讀什麼？」

牛津人擁有許多在其他大學的人身上看不到的獨特習慣。

比方說，**在校園裡，學生不會問第一次見面的人「你讀哪個系？」或「你專攻什麼？」，他們問的是「你正在讀什麼？」**，得到的答案則多半是「我正在讀與教育的歷史有關的書」或是「我剛看完整本盧梭的《愛彌兒》」等，具體描述正在閱讀的書名與內容。有時也會聽到一些研究者的回答是「大學時讀經濟學的書，碩士班讀公共政策，博士班讀有關教育學的書」，顯示出不同學歷階段專攻不同領域的答案。

牛津大學的學習以「讀書」為中心，不只如此，學生們讀的書更是數量驚人。因此，只要知道對方正在讀什麼書，就能透過共通經驗推測對方學到了哪些知識與教養。藉由閱讀累積的實力，也是一對一指導教育的中樞。雖然每個星期都要提出教授指定主題的報告，在課堂上進行一番激烈的討論，激盪彼此的知識，但基本上還是要**靠閱讀累積學識。也就是這樣一點一滴累積傳遞給下個世代的「持續性」，牛津長年的傳統才得以傳承。**

不過，日本大學生長年來都有疏於閱讀的問題，在這樣的狀態下，想要直接學會牛津人「用自己的頭腦思考表達」的記述，可能會有基礎太過薄弱的缺點。

養成三種力量的必備技術

拙作《未來你是誰：牛津大學的6堂領導課》中，曾將牛津人藉由一對一指導課程培養出的三種能力整理如下：

①分析・整合・表現能力；
②批判力與討論能力；
③協調、解決問題的能力。

想在一對一指導課程中養成這三種能力，特別需要注意的事項，我已彙整在下一頁的一覽表中。

一般來說，一對一指導課程會使用教授和學生事前準備的報告，大致上按照①**針對課題整理討論要點**；②**和教授展開討論**；③**擬定下次上課的主題和內容**，以這樣的順序上一個小時左右的課。事實上，一對一指導課程帶來的三種能力，正是依賴這種順序培養而成。

接下來，我將舉例說明養成這三種能力時特別必備的技術是哪些。

❶分析・整合・表現能力

在第一個階段，學生必須針對教授指定的課題或參考文獻做出摘要，向教授說明

從一對一指導課程中獲得的三種能力

分析．整合．表現能力	批判力與討論能力	協調、解決問題的能力
>掌握議題論點 >落實自己的思考 >贊成與批判的區別 >架構學術性的報告書 >使用簡單易懂的語言	>檢查議論的前提是否偏頗 >確定自己的思考並非來自他人的想法 >檢視是否有足以佐證自己理論的資料或統計數字，確定資料的正確性 >有來有往的溝通（不是只有單方面的敘述）	>檢視自己的意見是否可能實踐（實現） >檢視自己的意見是否包含嶄新觀點 >取得協調性與獨特性之間的平衡 >留下批判的餘地

自己已經理解多少。這個步驟的重點是，**在讀完龐大的指定書籍文獻後，於有限時間內表達出哪些是自己從中獲得的意見與想法。**

以下介紹牛津大學學生在一對一指導課上表達自己的意見時常用的句型。

(1)「根據……」

說話的內容是自己的意見，還是別人的主張，或者並非事實而只是出於自己的推測。在表達時，這些都必須分清楚才行。牛津人經常使用下面這樣的表現方式。

「根據〇〇〇（某件事實或某項資料），我做出□□□的判斷。」（當表達的內容是自己的意見或主張時）

「根據麥可・桑德爾的說法，〇〇〇……」（當表達的內容來自別人的意見或主張時）

「雖然只是我的推測，但是△△△……」（當表達的內容出於自己的推測時）

(2)「從三個觀點來說明」

無論是商業會議還是學會報告，一次提出多種論點，會讓聽者搞不清楚你想要表達什麼。

牛津的學生在表達自己的意見時，經常使用下面這樣的句子：

「關於〇〇〇，我想從三個觀點展開說明。」（說明之前的開場白）

「關於〇〇〇，以上是我從三個觀點做出的說明。」（說明之後的總結）

將想表達的觀點濃縮為「三點」，配合在說明之前的強調與說明之後的總結，就能明確地讓對方知道自己想表達什麼了。

美國心理學家喬治・A・米勒（George A. Miller）有一個叫做「神奇的數字：7±2」的理論，也是心理學用語，指的是人類的短期記憶大概能記住七個左右的組塊。根據最近的研究，現在的定論已經改成「4±1」了。以我的經驗來說，**若說明的要項超過「四點」，就會產生很難停留在對方的記憶中，或是即使停留了，時間也不會長久的**缺點。

(3)別忘了加上「請用別的方式說明」和「也就是……對吧？」

聽不懂對方說的內容時，「直接略過」或是「不懂裝懂」，都是妨礙討論進行的因素。

適時加上「請用別的方式說明〇〇〇的意思」等確認句，請對方用自己能夠理解的方式說明，這是討論時非常重要的一件事。

當對方用另一種方式再度說明過後，也別忘了確認自己的理解是否正確。

「您說的〇〇〇，指的也就是□□□對吧？」可以像這樣，用自己的語言重複一次對方的內容，確認彼此是否取得共識。

❷批判力與討論能力

①的階段結束後，接著就要進入一對一指導課程最重要的第二階段，也就是和教授的討論。用一個簡單的例子來說明這種狀況，就像一個剛開始學打網球的人，在練習了一陣子發球之後，試著對職業選手發出一顆球。這顆球當然會被擊回來，此時，請不假思索地自己殺出一球（提出批判式的意見）吧。

在一對一指導課程中，指導教授經常對學生說兩句話。那就是「So what?」和「Why so?」。藉由反覆的「So what?」和「Why so?」詰問，鍛鍊出學生「因應批判的能力」。

(1)「So what?」：「那又如何？」、「你的意思是？」

教授試圖引導學生針對某項情報說出自己能夠表達的意見（訊息或意義）時，經常使用的問句。（底下是簡化過的實際對話）。

【例】

A：「今天天氣很好呢。」

B：「那又如何？」

A：「今天是適合運動的日子。」

「今天天氣很好」只是單純描述狀況（事實），並非意見表達。如果說這句話的人是喜歡運動的人，那麼這裡提出「那又如何？」的質問，就能引出他應該表達的訊息，也就是「今天天氣這麼好，要不要去運動一下？」。假設對方是注重防曬的人，那麼訊息就可能會是「要記得擦防曬」或「最好帶把陽傘出門」。

(2)「Why so?」：「為什麼會這樣？」、「有什麼根據？」

「Why so?」是用來確認「So what?」的結論是否具有正當理由的問句。就像被問到「真的是那樣嗎？」時回答的「因為〇〇〇所以真的是□□□。」。這裡的「〇〇〇」就是根據，「□□□」就是結論。

【例】

A：「今天萬里無雲，空氣清淨，好舒服。」

B：「為什麼會這樣？」

A：「今天天氣很好。」

換句話說，「So what?」可以有效地從某種狀況或動作顯示的資料中，引導出「處於何種狀況」的要點。從狀況中引導出狀況，從動作中引導出動作，從同類情報中引出要點時使用的句子。「Why so?」則是將結果（或狀態）與要素分解開來驗證。

由此可知「So what?」和「Why so?」是一體兩面的關係。在一對一指導課程上，藉由反覆提出這兩個質問，就能確認學生的意見中是否存有理論錯誤或結論太過跳躍的地方。

為了應付課堂上指導教授不斷提出的「So what?」和「Why so?」，學生在準備一對一指導課程的思考過程中，自然就能養成自問自答的習慣，與檢視自己意見的批判式眼光。

運用「So what?」和「Why so?」的思考稱為「演繹」與「歸納」，再加上「MECE（Mutually Exclusive Collectively Exhaustive）——將收集來的情報不重疊、不遺漏地加以分類整理的觀點」，就完成了邏輯基本構造的「金字塔結構」，又稱「邏輯樹」。關於這一點，我將在本書第三章「用自己的頭腦獨立思考」中的第十三節做詳盡的解說。

❸協調、解決問題的能力

結束一對一指導課堂上最重要的討論部分後，到了最後階段，學生與指導教授將針對今後議題的展開交換意見。此時該做的不是批判式的對話，而是協調、討論如何將每一次課堂上談話的內容反映在論文上。

日本有句諺語「下過雨的地面更穩固」，指的是激烈的爭執反而換來好的結果或安定的狀態。正如這句諺語，經歷一番課堂上激烈的討論後，心情往往就像看到眼前展開一條新的知識水平線一般，感覺更踏實了。

不只一對一指導課，我們人生中經常遇到教師與學生、上司與部下等人與人在對話時激動爭執，心懷怒氣的狀況。這種時候，為了壓抑激昂的情緒，我往往會在心裡默念「**暫**、**選**、**目**、**不**、**深**」的口訣。

「暫、選、目、不、深」就是「暫時沉默，選擇用詞、目光放遠、不出惡言、深深呼吸」。

暫・**「暫時沉默，不要馬上反駁」**：與其「對方說東，我就說西」，一心只想反駁對方的意見，不如暫時沉默，停頓一下再回覆對方提出的質問。

選・**「選擇遣詞用字」**：就算態度冷靜，一旦選擇了錯誤的遣詞用字或不適當的表現方式，反而可能造成對方的反感。

目・**「目光放遠」**：從置身的環境退後一步，抽離激動的情緒，客觀檢視眼前的狀況。

不・**「不口出惡言，只在內心宣洩」**：無論如何都壓不住翻湧而上的怒氣時，為了讓自己鎮定下來，不妨在心中大喊三次「我現在很生氣」。

深・**「深呼吸」**：用力吸一口氣，花比吸氣多一倍的時間慢慢吐氣。

在一對一指導課堂上，教授一次又一

次反覆嚴厲地質問學生，學生則盡全力回答。**漸漸地，學生會發現教授的批判意見能夠幫助自己的思考方式更加成長**。同時，也學會在面對別人批判時該如何應對，當別人給予意見又該如何回應。

「So what?」、「Why so?」是在一對一指導課程或「自問自答」的過程中，為了加強自身的批判思考力與討論力而不可或缺的兩句話。可惜的是，這兩句話太常被一般人用來挑釁、吵架和找碴，很容易被解釋為「不然你想怎樣？」，有時甚至因此輕視對方所說的話，這點不可不多加注意。

Chapter 1

Essence

牛津人重視什麼

- 用「對話」鍛鍊思考力與表達力。
- 與他者的「對話」決定身為一個人的「成長空間」。
- 哲學是一切學問的基礎。
- 苦戰搏鬥本身就是一件重要的事。
- 一旦注意到「理應呈現的樣貌」是什麼，就能看見「問題」所在。
- 牛津教育的中心是「一對一指導」。
- 不問「你讀哪個系？」，而是問「你正在讀什麼書？」

Chapter

2

牛津式「準備技術」做好拿出成果的準備

The labor we delight in cures pain.

快樂中的勞動能療癒苦痛。

（莎士比亞／英國劇作家）

06 做好「獨立思考、表達」的準備

公司的計劃書、大學裡的研究報告、運動競賽、藝術創作……等，無論做什麼，事前的周全「準備」，與事後的結果或成果往往直接相關。

在準備階段備齊所有需要的東西，做好萬全準備，正式上場時才不用操多餘的心，事情也會朝正面方向進行。

不過，有時明明已經做了「準備」，最後還是「進行得不順利」、「不知怎地無法按照預定計畫進行」，為什麼會出現這樣的狀況呢？

這是因為，你沒有真正理解「準備」是什麼，不懂準備的基本心態與方法，沒有掌握好準備的最佳時機。如此一來，結果「有準備跟沒準備一樣」，當然只會導致失敗收場。

「看到夕陽就磨鐮刀」牛津人的準備力——一定要有的三個觀點

我認為，「用自己的頭腦獨立思考與表達」這個行為，也必須有「準備」階段。前一章提到，牛津的學生在每週的一對一指導課程前，為了因應課堂上指導教授嚴格的提問，每天都拚了命地做「準備」。經過一次又一次這樣的經驗，牛津的學生自然就會養成凡事做好萬全準備的習慣。

日本諺語「看到夕陽就磨鐮刀」，其中傳遞的道理正是「看到夕陽就代表明天會是好天氣，快趁今晚磨好鐮刀，明天就能割稻了」。

在學習「用自己的頭腦獨立思考與表達」之前，必須先做好明明大家都知道很重要，卻常常疏忽的「準備」工作。本章要教給各位的，就是這門準備的技術。

大部分的情況下，一般人都會認為「每個人有每個人準備的方式」吧。無論是準備提案，準備出國旅行還是準備做菜，每個人應該都會按照自己喜歡的順序和方法事先做準備。

不過，為了達到「用自己的頭腦獨立思考表達」的目的，我認為**配合狀況和目的所做的準備，其實有一套共通的標準。**

因此，必須配合具體的工作內容或目的，先去思考「該做何種準備？」、「在什麼時間點做準備？」以及「準備到何種程度？」。

本章將分別從三個觀點說明做準備時必備的「心態」、「方法」和「時機」。

準備1 思考時的「心態」

(1)覺得苦惱時，靈感就在不遠處

人們在「思考」過去沒做過的事時，任誰一定都會有至少一次「撞牆」的經驗。感覺苦惱，陷入思考停止的狀態等等，這是每個人都會發生的自然過程。希望大家明白，好的靈感或創意往往就在這種苦惱之後才會誕生。接下來，本章也會針對此點做詳細說明。

(2)熟知自己的思考「習慣」

一樣米養百樣人，每個人性格上的差異，經常表現在不同的「思考方式」和「表達方式」上。這種差異，或許也可以說是「個人習慣」。只要熟知自己的習慣，就能掌握

思考方式與表達方式上的「優點」與「缺點」。

(3)不可將思考本身視為目的

照道理說，一定是先有某個目的，才會展開「思考」並加以「表達」。然而，在沒有清楚決定好目的的情形下，「思考」本身變成了目的，結果就會搞不清楚自己到底在做什麼。因此，先有明確的目的再展開思考是很重要的事。

準備2 學會思考過程的「思考技術」

(1)認識多種思考方法

書店裡總能找到許多關於「思考方法的技術」、「邏輯思考」、「批判性思考」等主題的書籍。認識這些思考法是很重要的事。知道愈多思考途徑，就能從愈多角度觀察事物，培養短時間內有效率地解決問題的能力。

在牛津大學的學習過程中，我發現牛津人懂得多種「思考方法」。從簡單的來說，「決定優先順序思考法」就是其中一種。假設，現在你正面對一字排開的敵人，你會怎麼做？或許會害怕地向後退吧。然而，**當我們遇到非得同時思考多種事項時，不該將它們當作「在眼前一字排開的敵人」，而是要「將它們按照順序排成直排」**，換句話說，不是同時一口氣思考全部的事，而是排出優先順序，照順序一件一件處理。

(2)小心潛藏在思考方法中的陷阱

前述的思考方法中，潛藏著思考者本人容易不知不覺陷入的「陷阱」。一旦掉進「陷阱」，就會做出錯誤的思考和見解。本章也將帶領大家試著思考這些潛藏於思考方法中的「陷阱」。

(3)將思考方式排列組合

思考目的與對象愈複雜，思考方法就要跟著愈進化。遇到光靠單一途徑無法解決的問題時，只要將多種思考方式排列組合，就能擁有面面俱到的解決能力。

準備3 思考、表達時的「時」、「地」、「人」

(1)管理「時間」

與其毫無規畫地花上好幾個小時思考，不如訂出時間表，按部就班思考。比方說規定自己「不要思考超過兩小時」，在有限時間內思考，篩選出幾個表達重點，也是一種必要的手法。

(2)選擇最適當的「地點」

「自己的房間」、「圖書館」、「咖啡店」……各位一定都有一個最能提昇思考力的地方吧？一個能將思考力持續維持在高點的地方。

想做出最好的思考，在這樣的地方放鬆心情是一大重點。思考過度而感覺筋疲力竭時，請暫時休息一下。另外，請讓自己保持在最輕鬆自在的狀態。

(3)找到能給予建議的「人」

如同本書一直強調的，「獨立思考」並不等於「一個人思考」。好的建議是催生出色創意的捷徑。

承上可知，當目的或目標不同時，「準備」的方式和內容就有可能不同。此外，行動習慣和性格的不同，也會讓每個人做出不同方式的「準備」。

以結果來說，想要有效率地做出確實的成果，**與其注重速成的小聰明小技巧，不如保持良好的準備環境，每天好好累積事前的「準備工作」更為重要。**

本章將為各位解說為「獨立思考表達」做準備的訣竅，以及如何準確有效率地活用這些準備。

07 畫出面臨二度苦境的「思考的W曲線」

Point

- 找出自己思考的「生理週期」
- 思考過程中最少會陷入沮喪兩次
- 事先習得思考停滯時擺脫泥淖的方法

牛津大學校園的外牆上，看得見名為「滴水嘴獸」的動物與人臉雕刻。據說這種雕像也具有像日本鬼瓦一樣驅魔避邪的意思。人臉造型的「滴水嘴獸」，表情多半是「思考」、「笑」和「痛苦」三種。

從歷史悠久的「滴水嘴獸」造型看來，或許**牛津人認為深刻「思考」的過程就是不斷反覆的「笑」與「痛苦」**吧。

在不同時期，思考可能「活性化」也可能「鈍化」

一如本書主題，當人們在用自己的頭腦思考、表達以及回顧的過程中，心理會產生什麼樣的變化呢？

我認為這種時候的心理變化曲線，正好與英文字母的〈W〉相似，因此稱其為〈思考的W曲線〉。請看我接下來的說明。

左圖的縱軸代表人的情緒（emotion），橫軸代表時間的推移（time）。圖中央的那條線代表平常心的狀態。比這條中央線高即表示心情激昂，思考處於「活性化」的狀態；相反地，比中央線低即表示心情低落沮喪，思考處於「鈍化」的狀態。

無論是擬定新工作計畫，書寫論文，創造作品……等，在事物剛開始的階段，因為充滿期待與熱情而使心情激昂，思考自然容易受到刺激活化。這樣的狀態會持續一段時間，換句話說，會有一段時間，思考本身持續在令人開心，甚至「陶醉其中」的狀態。

隨著思考時間的拉長，很快地，思考會遇到一次宛如「撞牆」的挫折。姑且稱呼此一時期為「思考休克」吧。此時，感情會陷入下面幾種狀況的煩惱，思考變得遲鈍，甚至進入停滯狀態。

思考的W曲線（出現兩次的「思考休克」）

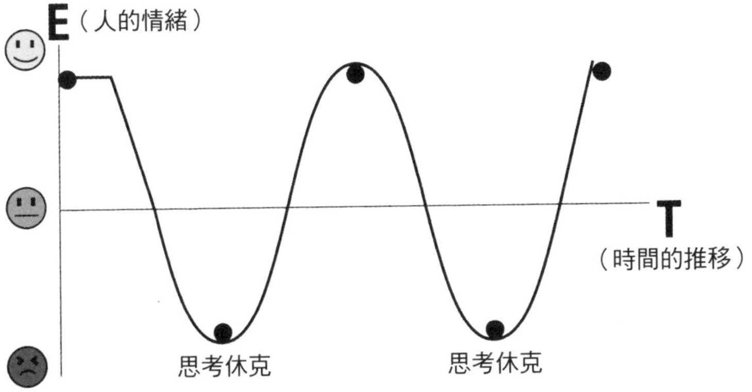

- 和他人採取同樣的思考方式。
- 認為他人的思考優於自己的思考。
- 再也想不出更好的點子。
- 認為自己正在做的事沒有意義。
- 感覺自己沒有能力。

各位是否也曾在思考工作企劃的過程中遇到這樣的經驗呢？

擺脫「思考休克」的方法

話雖如此，我認為「思考休克」是每個人在進行思考的過程中必然會經歷到的狀況。此外，只要花一點小工夫，其實就能輕鬆擺脫「思考休克」的低潮。

以下就是在陷入「思考休克」時，用來解決這個問題的四種方法。

❶加入不同領域的知識

一味專注於某一主題或問題時，必定會走到「思考的極限」。這時，可以刻意放掉當下正在思考的主題，試著接觸完全不同領域的知識或資訊情報。令人意外的是，不同見解與點子往往便會因此浮現。

我在牛津大學就讀時（當然現在也是），寫論文時經常陷入上述「思考休克」的狀況。

以為自己想出一個不錯的見解，仔細一看才發現早已有研究文獻發表過。有時也會被其他學者寫的論文完全說服，提不出反駁的觀點。到最後，甚至開始懷疑自己正在做的研究是否一點意義也沒有。

在我現在開的課中，有一門課程教授學生**「TRIZ法則」**，**這種法則正是在遇到上述苦思不得新觀點時的對策**（譯註：TRIZ中文也翻譯為萃智或萃思）。根據TRIZ法則思考如何發現與解決問題時，就包含了「帶入不同領域的智慧」，有時甚至可能因此發展出劃時代的新點子。

「TRIZ法則」是前蘇聯工程師阿奇舒勒（G. S. Altshuller）在處理數量龐大的發明專利時，從反覆出現的構造中進行分析而開發出的問題解決法則。簡單來說，他的論點就是**「即使是新發生的問題，其實也可以在其他領域的問題中找到九成解決的方法，從所有不同的領域中找出解決問題的共通原理。」**

舉例來說，「解決數量龐大的問題時使用的分割原理」（比方說為了紓緩尖峰時段的交通而變更車輛數）、「從原本成套的東西中移除一部分的分離原理」（比方說把原本裝在瓶中出售的洗髮精移出，以補充包的方式另行出售。如此不但可以節省包裝資源，還能壓低內容物的價格）、「活用或改變整體中之局部的局部性原理」（比方說可替換多種鑽頭的扁鑽，或是可替換不同吸嘴的吸塵器）……等等。

❷諮詢他人意見，找出打破僵局的方法

前面也曾提過，「獨立思考不等於一個人思考」。思考遇到瓶頸時，不妨找尋專家或值得信賴的上司、父母、朋友等人，徵詢對方的意見。說不定會意外找到解決的方法。

❸轉換心情

據說散步或簡單的運動對刺激大腦很有幫助。此外，在從事自己有興趣或喜歡的事情時，大腦也會處於活性化的狀態。因此，好的靈感或點子經常都在這種時候浮現。

我在就讀牛津大學時也經常跑去散步。從散步時看到或聽到的事物中，最少能舉出三十件「覺得美好」的東西。

比方說「那裡開著美麗的花」、「聽見孩子們開心遊玩的聲音」……等等。透過這些體驗，**我從平常就對「思考」抱持積極的態度，在思考「撞牆」時，也能以積極的態度去面對。**

❹再從頭思考一次

如果已經陷入思考極限的泥淖，無論如何也無法擺脫時，不如乾脆豁出去，重新回到起點。有時，從頭再思考一次也是有必要的。

這是因為，問題可能根本就出在當初設想的主題或計畫內容，這麼一來，不管怎麼思考，當然都會觸礁。既然走到底還是死路一條，那麼繼續思考下去也改變不了什麼。這種時候請不要心急，先回到起點，從那裡重新檢視目標吧。通常我以「三個月」為基準，對一件事思考三個月還是沒有結論時，就會從頭來過。

如果這麼做還是無法解決，那就只好乾脆「放棄」，下定決心轉移到另外一個主題或另一件事上吧。聽說日語中「放棄」的語源是有「豁然開朗」、「面對現實」意思的同音字。換句話說，「放棄」這個詞彙，也包含了**改變想法，朝新的方向邁進等積極的意味。**

一旦放心就會產生陷入「思考休克」的陷阱

擺脫前述「思考休克」的狀態後，自己思考的企劃或計畫終於獲得採用，即將進入付諸執行的階段。這時，我們的思考會再度激昂，成為活性化的狀態。

不過，千萬不能就此掉以輕心。當自己的思考受到認同，也付諸執行時，不可思議的是，這時情緒往往又會變得低落，「思考休克」再次來臨。

因為這時，我們心中開始產生「自己的思考是否真的對人有幫助」、「能不能引起別人興趣和注意」等念頭，各種不安的情緒也跟著浮現。而後，便會陷入「我的想法真的是正確的嗎？」的痛苦情緒中。明明是喜悅與開心的事，為什麼反而帶來「不安」呢？其實這是人類的正常心理，不用擔心。

遇到這種狀況時，只要採用第一次遇到「思考休克」時的解決法，過一段時間就能改善，重拾自信。

就像這樣，**人們在從思考轉移到行動的過程中，最少得體驗兩次「思考休克」**。在這個過程中，心情的起伏正好形成一個英文字母的「Ｗ」。

事實上，很多時候「思考休克」都是思考者的「鑽牛角尖」、「自以為是」與「杞人憂天」造成的。只要稍微改變一下日常生活中的思考習慣與方向，輕易就能擺脫。

08 從「模仿」別人的「思考方式」開始

Point

・選三本參考書
・「原創」只要一半就好
・從「範本」中創新

工作也好，研究也好，創作也好，對任何人來說，打從一開始就表現出「自己的獨特性」並不容易。我也一樣，在博士論文主題定案前煩惱了很久，花了很長一段時間才決定。跑了圖書館無數次，讀遍各種文獻與論文，卻始終難以決定自己的論文題目。

那時，我找了自己在牛津的指導教授，徵詢他的意見。結果，他這麼對我說：

「找出三本和你想做的研究主題有關的書。暫時只要讀那三本書就好。」

當時我並未深思太多，決定直接聽從指導教授的建議。只不過，心中還是有小小的疑問，「為什麼只要讀三本就好呢？」

找出思考共通的「固定模式」

我借了與自己研究主題內容相近的三本書，反覆閱讀之後，終於發現了原因。原來，**在特定主題或領域中，往往有一種共通的「固定思考模式」**。實際上，從我選的那三本書中，都能讀到許多相似的知識和主題。

我驚訝地發現，可以視為作者「獨特性」的部分，不管在哪本書中竟然頂多只佔一半比例。換句話說，**書中至少一半是學界既有的研究內容，從剩下那一半才能看出作者的獨創性（也就是「自己的獨特性」）**。

不管是開發新商品或構思研究主題，每個人都想在其中展現「自己的獨特性」。這種時候，大多數人或許都能想出嶄新的，史無前例的點子、商品或作品。這樣的東西確實存在，但是，在創意從無到有的過程中，每個人採取的思考方法或途徑則多半依循類似的模式進行。

指導教授之所以要我讀「三本書」，是因為讀完三本書，就夠我找出這種「固定模式」了。

有了「固定模式」＝「範本」，就能朝自己的理想接近

在思考新的創意或獨創的點子時，「模仿」別人的思考方式，是一種最初步的方法。

日語中，「學習」這個字的語源來自「模仿」。過去甚至曾有過「仿學」這樣的詞彙。正是如此，**「仿效」並「學習」自己視為理想的他人的作法，以此為起點，可以說是思考的基礎。**

在教育學上的「範本」，指的是模仿或學習具體思考技術及行動模式時的對象（多半指人，也可以是「書籍」等對象物）。這裡的「範本」，正是前面提到的「固定模式」。

以從「範本」身上看到的「思考方式」或「表達方式」等技巧為基礎，加以觀察、考察，找出值得學習的重點後，模仿其「固定模式」。這樣的行為大致會按照以下步驟：

STEP 1 找到「範本」

相信大家都曾因崇拜某人而出現「想成為〇〇那樣的人」的想法。對象可能是尊敬的上司、學校老師、參考文獻的內容或音樂人的演出……等，在自己觀察得到的範圍內，找出印象深刻，值得做為範本的對象吧。

STEP 2 找出「範本」的特徵

仔細觀察「範本」的創意與行動，找出自己想模仿的「固定模式」。舉例來說，那可以是對方想出新點子的流程、製作計劃書的步驟、企劃書的具體寫法、某種樂器的演奏技巧……等等。

STEP 3 模仿「範本」的特徵

以STEP2中找出的「範本」特徵為基礎，實地進行模仿，試著表達或行動看看。一再重複，直到學會其中的知識或技術。

STEP 4 在「固定模式」上加入編排

等到某種程度習得「範本」的固定模式之後，必須再加上自己的獨特性，重新編排整體。至於自己的獨特性從何而來，具體來說有以下幾種要素：

〈自己的內在要素〉過去的經驗、體驗、靠學習得來的知識、已取得的資格執照、積極度、將來的展望……等等。

〈外在要素〉在其他領域活用過的知識或技法、借鏡於外國或異文化中的知識及手法、值得期待的他者（社會）、將來的發展性……等等。

總結來說，所謂模仿思考的「固定模式」，步驟就是先找到「範本」，進而模仿學習其技術，最後自行加以改編，藉此創造自己的獨特性。

在實踐這種初級手法時，最重要的是避免因為太想強調「自己的獨特性」，結果卻把「範本」原有特徵全部改掉的做法。

因為，「模仿」範本的行動，不只是為了學習對方的技巧，**理解「範本」的創意來源及行動的「根據」、「價值」，也是學習的一部分。**

只要是牛津學生，沒有人不知道「Source Book」

結果，在我寫自己的博士論文時，直到最後放在手邊的就是那三本書。除了在寫論文時一定要有的「對先行研究的批判式評論方法」、「設立假設的方法」、「研究的方法論」等關於論述的部分之外，包括論文的標題、章節的設定等論文體裁，也全部「參考」了那三本書。或許應該說我「模仿」了那三本書才對。不只模仿，我當然也加入了自己獨創的內容，整體來說，還是完成了一篇新的論文。

後來我才知道，這種**在著述、書寫論文或準備講義時，用來做為參考依據的書，在牛津人之間稱為「Source Book」**。我還記得論文始終沒有進展的同學急著找「Source Book」的樣子。現在，我在指導學生寫畢業論文時，也會先對他們說「至少找三本Source Book來看」。

09 整理思考方式，以備迅速表達

Point

・先在腦中整理過再說話
・學會IREP法，表達方式更高明
・善用緩衝詞彙

想將自己的「思考」（想法）清楚易懂地向對方表達，首先要從「整理」自己腦中的思考開始。

大多數時候，「思考」不只是停留在自己腦中的東西，而會有一個向誰表達的目的。這裡說的目的，有時是想將自己的想法傳遞給某人，有時是希望對方更理解自己，有時是想獲得對方的不同見解，有時是希望對方按照自己的想法行動……有各種各樣的可能。

本節將「思考」定義為「想傳遞給某人的想法」，以此為前提，說明思考該如何整理才能更簡單易懂，也更容易傳遞給別人。

流傳於牛津人之間的「茶會出擊」

商業書中經常介紹一種名為「電梯簡報」的技巧。意指利用與上司搭上同一部電梯的十五到三十秒時間攀談，展開快速溝通，在商場上被視為抓住機會的一種技巧，做為展現自己的手段之一而廣受矚目。

可惜的是，這個技巧在牛津大學裡一點也派不上用場。畢竟牛津大學的傳統學院建築，都不是需要配備電梯的高樓大廈。

不過，在我和同學之間，倒是有個媲美「電梯簡報」的訣竅，美其名為「茶會出擊」。這是利用喝茶的短短時間主動出擊，找指導教授或朋友討論關於作業或論文的內容，獲得對方建議或意見的一種技巧。

相信各位讀者都知道，享用紅茶在英國是傳統文化，也是生活習慣，英國人以喜愛紅茶出名，英語中甚至有「早餐茶」、「下午茶」等詞彙，一天之中與享用紅茶相關的時間詞彙高達七個。我們牛津人在上午十一點有個「早茶時間」，大家經常利用這短短幾分鐘的休息時間「主動出擊」，抓緊與指導教授談話的機會。

那麼，抓住教授之後，牛津人是如何在這麼短的時間中整理自己的思考，進而有效率地傳達給對方呢？

「IREP法」：整理思考再表達的方法

在一般對話或提案等場合上，想在短時間內向對方表達自己的想法，可以利用一種叫做「ＩＲＥＰ法」的手法。

I：Issue（論點）
R：Reason（理由）
E：Example（具體事例）
P：Point（結論）

取上述四個字的第一個字母，就是ＩＲＥＰ。這是一種**「先從結論說起，再說明得出結論的理由及根據，然後舉出具體事例佐證，最後再強調一次結論」**的技巧。

前面提到的牛津「茶會出擊」，正是按照「ＩＲＥＰ法」順序進行的溝通。

以下舉簡單的例子說明。

I：我認為日本的少子化問題將會加速惡化。

R：因為結婚率降低與晚婚等原因，造成太晚生小孩或不生小孩的比例年年提高。

E：根據厚生勞動省的資料，日本人首次結婚的平均年齡，在一九七五年時是女性二十四點七歲，男性二十七點零歲，然而，到了二〇〇〇年已提高至女性二十七點零歲，男性二十八點八歲。

P：因此，我認為日本的少子化問題將加速惡化。

按照「主張→理由・根據→具體事例→結論」的順序思考並表達

❶主張

一開始，請先以簡潔明瞭的「總結性方式」，表達自己的中心「思考」或「主張」。請記得，目的是要將想法傳達給對方，所以這個部分不需要多餘的說明，最重要的是盡可能長話短說。

比方說，可以試著用下面這些句型表達：

「我認為日本校園霸凌產生的原因，與集團的同質性有關。」

「A方案和B方案都很有希望出線，我贊成A方案。」

「我站在反對事業改革路線的立場。」

❷理由．根據

接下來，是具體提出支持「主張」的「理由」和「根據」。所謂的根據，簡單來說就是說明「我為什麼如此主張」的明確「理由」。毫無根據的主張或意見，充其量只是個人感想或印象。能夠成為「根據」的，必須是像下面這樣的東西：

- 學術書籍或論文
- 憑藉學習得來的知識
- 他人的建議、見解
- 資料、數據、統計數字等客觀資料
- 自己的親身體驗
- 對方的親身遭遇、經驗
- 周圍的環境、方針等

在此最重要的，就是**向對方表達自己的「想法」（思考）時，自己內心一定要有當被問到「為什麼這麼認為」時，足以清楚說明原因的「根據」**。

不過，前面舉出的幾個項目是否能成為支持自己主張的「理由和根據」，還是得視當下的狀況而定。假設參加的是學術會議，卻用「根據自己的實際經驗」做為主張的依據，依然不會獲得認可。因為那只是個人的經驗，沒有經過科學的證明。

當自己有某種「想法」，被問及理由卻沒有自信回答時，請先依據場合好好整理自己的「根據」吧。

❸提出具體例證

那麼，當你能夠提出支持自己「想法」的明確「根據」後，為了順利「傳達」給對方，還要再經過一番整理。

除了前面提到的「根據」之外，還必須舉出讓對方更容易理解，更有說服力的「具體例證」。

我在②的「理由．根據」所舉出的項目中，尤以「資料、數據」特別具有客觀性，在任何場合都能發揮高度說服力。

❹再次確認結論

最後，再將結論（最想表達的部分）強調一次，藉此確認自己想傳達的內容，是否已確實傳達給對方。

讓對方心平氣和的「緩衝詞彙」

「先說結論」的方法，做為一種快速讓對方理解自己想法的技巧，確實很有效。不過，也有需要注意的地方。

那就是，當你表達的是與對方不同的意見時，**「一上來就講結論」的表達方式，會讓對方產生「自己的意見被否定」的心情，有時溝通就無法像前面說明的那麼順利了。**

比方說，這是一位畢業於牛津商學院的朋友告訴我的例子。

當時，為了讓銷售數字更加成長，他必須對比自己年長的前輩業務提出業務策略變更的提案。站在說服者的立場，他打算先從結論開始說起，並充分準備了各種做為依據的資料，證明顧客需要的是變更後的提案。

然而，對方的工作經驗比自己豐富，過去的業績也很出色，擁有受到周遭認同的成功體驗，也有一定程度的自尊心，不是那麼容易接受別人的意見。太過直接了當地提出主張或用數據資料說明，未必能夠成功說服他。

遇到這種情形時，可以先提出公司或組織的大方針，再將自己準備好的「佐證依據」與大方針連結，如此一來，就有可能說服對方。舉例來說，或許可以用「考慮到公司的整體經營方針，我們應該進攻更有前景的市場」、「為了進攻新市場，修正目前的經營策略，或許更容易達成目標」等等的表現方式，對方將更容易接受。至於客觀的數據資料，只要在接下來的對話中提出來做為輔助就夠了。

如上所述，有時即使準備好「根據」，也未必能有效說服每個人，還是要視情況而定。

與說話習慣直來直往的歐美各國不同，**日本人溝通時，不妨多加入「不好意思」等「緩衝詞彙」。以婉轉的說詞展現顧慮對方心情的態度也是一種禮貌。**

將牛津人的「茶會出擊」搬到日本時，或許必須做些調整。比方說加入「不好意思，可以打擾您三十秒時間嗎？」之類的開場白，效果會更好。

10 在表達前，必須先懂得「說話方式」的基礎

Point

- 正確傳達
- 緊張是助力
- 花時間準備

歐美各國在超過半世紀之前便已確立了「溝通學」的學問領域。從語言、非語言以及行動層面等各種角度分析人們如何溝通，並將研究成果廣泛運用在外交和商業的談判交涉上。

「溝通學」中，有一個「口語溝通」的領域，其中包括「面試對策」、「正式場合的演說方式」、「非語言型溝通技法」……等，設定各種場景，學習因為不同場合與狀況的溝通方式及技巧。我也在大學裡教了很多年的「口語溝通」。

只要改善二十%的原因，就能改善整體表達方式的八十%

在「口語溝通」領域中，對於「恐懼在人前說話」（無論說話的對象是個人還是群眾）所面臨的問題，會分別從心理與生理層面著手探究原因，找出解決的方法。至今，這樣的研究已經累積了充分的知識與豐富的案例。

我在開始指導學生之後才知道，原來近年來有這麼多人苦於與人表達溝通。**從這些自認對溝通有困難的學生身上，我看到了共通的原因。**

如果你也有「總是無法順利與人溝通」的煩惱，請先回想當時的狀況。在什麼狀況下無法順利表達？主要的原因究竟是什麼？

對了，各位應該知道「帕雷托法則」吧。

這是義大利經濟學家維弗雷多・帕雷托（Vilfredo Pareto）發現的法則，指的是整體數值的大部分結果，取決於構成整體的部分要素。別名「八十比二十的法則」。

舉例來說，「消費能力排名前百分之二十的顧客，佔總營業額的百分之八十」、「螞蟻群中，實際勞動的只有百分之二十，其他百分之八十不工作」、「軟體使用者中的百分之八十，只使用了軟體總功能的百分之二十」……等等，幾乎一切事物都以

「八十比二十」的比例運作。現在，「帕雷托法則」除了運用在經濟現象之外，也用於自然現象、社會現象、經營策略等各種事例上。

其實，「帕雷托法則」也適用於說明與人溝通的領域。

若想「解決」與人溝通上的「問題」，其實不需改善所有造成溝通不良的原因，只要改善最重要的二十%，就能解決八十%的問題。因此，苦於不知如何與人交談的人，只要改善原因中最嚴重的二十%，就有希望改善整體八十%的狀況。

我認為，想改善最嚴重的二十%原因，可以從以下五點著手。

❶消除說話時的緊張

將自己想說的話正確傳達給對方，這聽來似乎理所當然，卻往往無法輕易做到。為了好好表達自己的想法，需要先注意哪些事呢？首先，就從消除說話時的「緊張感」開始吧。

(1)以「一定會緊張」為前提

不擅長溝通的人，光是站在眾人面前都會緊張。愈是要自己別緊張，只會收到反效果而愈來愈緊張。因此，請一定要抱持著「緊張其實是助力」的想法。事實上，運動選手在正式比賽時的成績往往比練習時出色，這就代表「緊張」能成為表現的助力。

(2)以「不一定要全部說完」為前提

說話的時候，請以「不需要把所有想講的話都說完」為前提。這樣的想法能減輕說話時給自己的壓力。隨時提醒自己站在聽者的立場，說出自己真正最想說的話吧。

(3)消除身體的緊張

以下是我在指導學生時，教他們消除身體緊張的具體方法。在與別人交談前，不妨先花一點時間這麼做。

- **動動身體**：跳一跳、高高聳起肩膀再一口氣放下、搖晃擺動手腳等等。
- **調整呼吸**：反覆深呼吸三次。盡可能深吸一大口氣，直到極限，再一口氣全部呼出來。

除此之外，關於精神層面的緊張，我在指導學生時，並不會要求他們「極力避免緊張」，而是盡可能地換成能夠具體實行的動作，藉此消除緊張。比方說，與其做出「別緊張」的籠統指示，不如給予實際建議，像是「你發表時的聲音太小，在開始說話前，請先確認最後一排的人能否聽到自己的聲音」等。另外，對擁有發表或說話的機會心懷「感謝」，也是有效消除緊張的方法。

❷無論如何都要事先做好準備

首先，我會告訴學生**「不擅長溝通的人並不等於不會說話的人」**，而是**「準備不夠周到的人」**。無論是在重要場合致詞還是工作上的提案，事前有否做好準備，將大大影響發表的結果。因為工作緣故，我經常有機會發表演講或擔任來賓致詞。在準備說話的內容時，我會特別確認以下三點：

(1)自己最想傳達的是什麼
(2)是否深入聽眾關心的話題
(3)能否在時間內說完

確認以上三點之後，我花在準備的時間，會是實際說話時所需平均時間的「五倍」。假設演說時間是六十分鐘，我會先花一百二十分鐘仔細斟酌內容，再花九十分鐘實際試著說一遍，最後花上八十分鐘完成內容架構與修正，檢查發聲方式與非語言型的溝通（視線或動作）。

❸用對方聽得清楚的音量大聲說話

「說話」的基礎，當然就是發出「聲音」了。無論多麼有趣的內容，只要對方聽不見你的聲音，那就是「說了等於沒說」。

最近的學生太依賴用網路或電子郵件與人溝通，我注意到不少人連說話的聲音都變得太虛弱。這種時候，可以找一些介紹「發聲訓練」的書來學習正確的發聲方式，相信會有很好的效果。比方說，可以做下面這樣的練習。陸續發出「啊」的音（或是任何一個容易發音的母音），音量一次比一次提高。接著反過來，逐漸降低音量。

(1) 10、20、30、40、50……（數字表示音量程度，憑感覺就可以了）。

(2) 50、40、30、20、10……

此外，最簡單的「發聲練習」就是「打招呼」。

日常生活中一定會遇到向人打招呼的時候。每天發出聲音打招呼時，都要提醒自己「用最好聽的聲音向人寒暄」。說得具體一點，就是要用「音量夠大」、「咬字夠清晰」、「速度不過快」的聲音打招呼。如此一來，別人對你的第一印象就會特別好。

❹提醒自己使用容易明白的表達方式、詞彙和說話順序

除了日常會話之外，在工作上的提案等與人溝通的場合，基本上都要提醒自己不使用太複雜的詞彙。關於自己想表達的內容，如果對方完全沒有基礎知識的話，更要盡可能選用簡單易懂的詞彙來說明。比方說，有些專業術語或外來語，對從沒聽過的人來說，光是要聽清楚都不容易。

此外，也要小心避免乍看之下似乎明白，其實完全沒有頭緒的詞彙表現。比方說提及天氣時，與其說「目前的風速每秒三公尺」，不如以「臉頰感覺得出有風吹拂，樹葉晃動，海面上掀起微微波浪」的方式說明，對方或許更容易理解。

牛津人最討厭的「jargon」是什麼？

在牛津讀到博士的學生，對自己專攻的領域自然已經擁有相當高的知識水準，攻讀同一領域的人之間共通的知識和技術也愈來愈多。因此，在發表或報告的時候，往往不知不覺地夾雜著專業術語。

「你的主觀原則（Maxime deines Willens）必須（sollen）隨時合乎客觀實踐法則（Prinzip einer allgemeinen Gesetzgebung）。」（康德「絕對命令」）

如果沒有相關知識，這段文字敘述讀起來一定完全無法理解。像這種言語詞彙就稱為「jargon」。聽起來很像科幻電影裡出現的怪獸名字吧，不過，「jargon」指的其實是只有內行人才知道的特殊用語、專業術語、職業用語等，簡單來說就是「黑話」。

在牛津大學的課堂上，學生被嚴格要求「發表報告時必須極力迴避使用黑話和俗語」。在這樣的教育下，不只學生如此遵守，牛津出身的研究者之間也形成一種在學會發表或論文發表時，**盡量避免使用專業術語的潮流，盡可能以所有人都聽得懂的話說明，盡可能以所有人都能理解的文字書寫**。

此外，牛津人也會事先整理自己想表達的內容，排出優先順序，盡可能從最重要的內容開始傳達。**這裡說的「整理」指的是將說話的內容「分類」**，事先做好什麼需要表達，什麼不需要表達的區分。

如果在一次的交談中，想傳達給對方的不只一件事時，牛津人也會釐清當下最重要的是哪一件事，優先傳達。將說話內容整理得使對方容易理解，必須付出自己理解時的數倍力氣。想成為善於表達的人，絕對不能吝惜付出這種努力。

❺非語言的重要性

之後會在第五章的第二十三節中再次詳述，除了語言之外的溝通（非語言型溝通）也是很重要的表達要素。具體來說，就是表情、視線、動作、姿勢、聲音的高低、氣味、色彩等等，會對人類五感造成影響的要素。

根據「麥拉賓法則」（譯註：美國心理學家麥拉賓〔Albert Mehrabian〕於一九七一年提出），判斷

初次見面的人是什麼樣的人，超過百分之七十的依據是外貌，音質與說話方式佔超過百分之二十，剩下不到百分之十才是說話的內容。

我認為**日本人最不擅長的是非語言型溝通中的「視線交會」**。有個研究結果指出，日本人在為時三分鐘的對話中，頂多只有三分之一的時間會看對方的眼睛。某些國家或文化圈的人習慣在和別人說話時看著對方的眼睛，日本人這樣的表現，或許會令他們感到不愉快。那麼，日本人與日本人對話時，什麼樣的「視線交會」才適當呢？只要記住以下三點就可以了。

- **「不凝視對方」**：持續的凝視會帶給對方壓力，配合對方轉移視線的時機挪開目光。
- **「不向下俯視」**：尤其是想傳達特別重要的內容時，低垂的目光往往是造成對方產生不信任感的原因。
- **「不瞇起眼睛」**：「瞇起眼睛＝睥睨對方」，給人威嚇的印象，容易引人反感。

以上五點，是在與他人溝通時最基本的五個要素。只要其中一項出了問題，就有可能導致無法順利將想說的話傳達給對方。反過來說，只要注意這五點，抱持積極改善的態度，一定能確實提高溝通時給人的整體印象。

Chapter 2

Essence

牛津人重視什麼

- 比起速成的技巧，長久累積的「準備」更重要。
- 思考的基礎，從「仿學」開始。
- 準備好「Source Book」。
- 確立自己思考的「根據」。
- 不擅長說話的人，其實是「準備不夠周到」的人。
- 不講只有內行人才懂的「黑話」。

Chapter 3

牛津式「思考技術」用自己的頭腦獨立思考

An unfortunate thing about this world is that the good habits are much easier to give up than the bad ones.

不幸的是，在這個世界上，
放棄好習慣，比放棄壞習慣更容易。

（薩默塞特・毛姆／英國劇作家）

11 徹底思考沒有答案的問題，這就是牛津式

本書第一章中也已提過，直到在牛津體驗過「一對一指導課程」後，我才明白「獨立思考」真正的意義，當時我已經超過二十五歲了。

獨立思考真正的意義，簡單來說，就是**「針對沒有答案的問題徹底思考的能力」**。

就全世界來看，日本的教育系統受到的評價仍算很高。日本的孩子們擅長解題技術，往往能在「有正確解答」的問題或考試中拿到高分。這一點，透過國際評比「ＰＩＳＡ評量」（國際學生能力評量計劃）的結果也可看出。換句話說，我們很懂得回答「人為創作的問題」與「有標準答案的問題」時所需的技巧。

那麼，這樣的日本教育欠缺的又是什麼呢？沒錯，正是牛津教育中最重視的「針對沒有答案的問題徹底思考的能力」。**無論在政治、經濟、教育……等各種領域，牛津大學最為人稱道的，都是能「自己發現問題，徹底思考並得出解答」的人。**只會拿著別人

出的問題尋找答案的人，不管再優秀都不會受到尊敬。

分解牛津人擅長的「針對沒有答案的問題徹底思考的能力」，可得出以下四種技術：

①從結論開始思考，導出屬於自己的答案；
②在腦中描繪並掌握全貌；
③分解複雜的問題，化繁為簡地思考；
④對常識抱持懷疑，提出前所未有的想法。

重新檢視我們生活周遭，會發現充滿了值得思考的事。

「這間咖啡店，為什麼這麼受歡迎？」

「為什麼有些小孩期待上學，有些則不然？」

「該怎麼做才能在不削減經費的狀態下提高業績？」

這些問題俯拾皆是。重點是，在思考這些問題時，是否懂得因應狀況改變思考途徑，這才是最重要的。

本章將透過「邏輯思考」、「心智圖」等具體的理論及方法，向各位讀者說明牛津人特有的「針對沒有答案的問題徹底思考的能力」。

何謂牛津式「用自己的頭腦思考」？

日本人從小就被父母及學校老師強烈要求「用自己的頭腦思考」。長大之後，也常被上司斥責「連這種小事都不懂嗎？」、「為什麼連這都不懂」，而且最後必定會加上一句「自己想想看」。

好吧，現在請大家一起「想想看」。

當一個社會中，人人都認為「自己思考」很重要，視「懂得自己思考」為理所當然時，這個社會對「自己思考」的印象就會等於「自己一個人思考」。

結果，「自己思考」將變成不與其他人對話，不聽別人意見，一味封閉在「自己的殼」中思考的狀態。

我不認為這是對的。

前面提到牛津人重視的「針對沒有答案的問題徹底思考的能力」，除非在很極端的情況下，否則幾乎不可能光靠自己一個人就能養成。

「用自己的頭腦思考」的能力，必須藉由與他人的對話累積培養。

和牛津人們在一起，令我察覺一件事。那就是——我們隨時都保持著與他人對話的態度。不只與關係親近的人，即使是初次見面的對象，也從不害怕與他人展開對話。反過來說，正因牛津人對自己的思考與表達方式都有所自信，所以才不害怕與別人對話。

這樣的習慣，是從不斷累積的小事和小地方培養而成的。

舉例來說，前面也提過，在牛津大學中，經常看見學生們問剛認識的人「你正在讀什麼書？」，也常看見正在對別人說明自己正從事何種研究的情景。相反地，被問到或聽對方說明的情況當然也很多。

在不斷回答同一個問題後，便漸漸加深了對自己研究主題的思考。另一方面，也養成無論如何都會設法從別人的研究中找出疑問並提出的習慣。

就從簡單的自我介紹開始也無妨，請試著與他人對話，整理自己的想法也傳達給對方，同時，練習從對方說話的內容中找出相關問題，向對方提問吧。

牛津式「讀書術」：對於作者說的話，絕不囫圇吞棗

在牛津大學，不管教授也好、學生也好，人人都是「書蟲」（喜歡讀書的人）。書本裡裝滿了他人的思考與智慧。所有牛津人都相信，接觸書中優秀的思考，能夠刺激和鍛鍊自己腦中的思考力。

牛津校園中央，有一座巨大的博德利圖書館。規模僅次於倫敦大英圖書館，是世界上第二大的圖書館。設立於一六〇二年的博德利圖書館中，除了高達六百萬冊的藏書外，還收藏了許多具有歷史價值的原稿、信件等手稿類、樂譜和地圖等等。我非常喜歡這座博德利圖書館，經常在裡面待上很長一段時間，埋首閱讀。

能被稱為「好書」的書，在出版之前一定經過好幾次嚴格的審查，才終於能夠正式問世。閱讀這些書的時候，只要能將前述牛津人重視的「針對沒有答案的問題徹底思考的能力」四大技巧謹記在心，**在閱讀的時候就不會對作者說的話囫圇吞棗，而是能夠一邊閱讀一邊思考「有沒有比作者所說的更好的點子」**。這也是牛津式讀書術的一種。

此外，沒有必要從頭到尾閱讀書中所有內容。「好書」一定具有良好的邏輯性，大部分好書內容都依循「提出主張或主題↓具體描述或說明」的順序寫成。因此，只要能

理解「主張、主題」，就能掌握作者想說什麼（即書的內容）。

在此介紹我個人的讀書方式。當我打開一本書時，首先會：①將目次看一遍（掌握整體印象，快速瀏覽內文）；②讀「前言」（序章）和「後記」（終章）的部分（了解作者主張的要點）；③看各章節標題，如果找到自己想知道的資訊，就翻開那個章節仔細閱讀引言部分（最初一到兩行）；④選出必須閱讀的地方，集中閱讀這些內容。

牛津人能在短時間內閱讀大量書籍，靠的便是自創的效率閱讀術，以及一邊思考一邊閱讀的習慣。

「思考」這件事，每天都在我們腦中發生。因此，很可能產生隨意處理資訊情報，或是因為心情起伏而浪費多餘時間心力等，效率不好的思考方式。

下一節我將為各位簡單介紹牛津式的「資訊收集術」與「時間管理術」。

牛津式「資訊收集術」：察覺、分類、整理

現今這個時代，使用網路就能輕易獲得大量資訊。不過，獲得的資訊量一旦龐大，也就不免龐雜，形成良莠不齊的狀態，或是只偏向自己想看到的東西，因而產生種種問

題。

資訊收集的技術可大分為兩種。**第一，是「察覺」各種資訊情報的技術；第二，是將收集來的資訊「分類・整理」的技術**。

牛津人收集資訊的能力很高，特徵是「擁有多樣化的資訊來源」和「通曉最新資訊情報」。如果弄不清楚「自己手邊的問題或主題不可或缺的資訊是什麼」，就無法收集到有效的資訊情報。

「察覺資訊情報的技術」，換句話說就是「意識問題所在」的技術。也就是說，如何伸長自己的「天線」，提高「雷達」的靈敏度，如何迅速而確實地察覺自己和對方處於何種狀況，有什麼樣的社會需求，會產生什麼樣的課題或問題等等。「察覺的技術」是從人的感覺、感情層面掌握事物的方法，這或許是一種天賦才能，但大多數人都能隨著年齡增長而透過感情（喜怒哀樂或價值觀）習得。以下面四點最為重要：①豐富的知識經驗、②明確的目的意識、③清楚自己該做什麼，該扮演何種角色、④擁有「當事人意識」，知道該完成任務的是「自己」。

此外，說到牛津人最基本的具體收集資訊方法，就是**每日讀報**了。或許有些讀者會認為，這不是理所當然的事嗎？

請聽我說，重要的不只是讀報，而是**「讀報的方式」**。

在忙碌的早晨讀報，雖然無法精讀所有報導和內容。可是足夠大略瀏覽所有內容，找出與自己研究或工作可能相關的文章，將內容分成大約三類。以我來說，會分成「教育」、「階級」、「國際」三大類，每天，每一分類至少讀三篇自己感興趣的文章或報導。不需要每次都剪報。如果有特別感興趣的報導，只要記下當天日期、新聞標題或關鍵字，之後隨時都能方便查詢。

牛津式「時間管理術」：準備一個蕃茄鐘

時間管理對每個人來說都不簡單。對於自己的研究，牛津人不只是收集書籍資料埋頭苦讀而已，還要反覆不斷地接受教授的一對一指導，為了得到更多新想法新創意，時間管理必然成為一個需要克服的課題。

在時間管理技巧上，我經常使用的是「蕃茄鐘工作法」（Pomodoro Technique）。「蕃茄鐘」（一個蕃茄形狀的碼表）是創業家弗朗西斯科・西里洛（Francesco Cirillo）所開發，能夠幫助人們反覆在短時間內集中工作，提高工作效率的技術。方法理論說來簡單，舉我寫書時的例子來說明，進行過程如下：

①在手邊準備好一個蕃茄鐘，設定時間為三十分鐘。

②在提醒鈴聲響起前，專注執筆。

③稍事休息（約五到八分鐘。可以喝喝茶，或起來走動走動）。

④重複上述三步驟四次之後，做一次較長時間的休息（一小時左右。可以躺下來休息）。

這種時間管理術，對大腦的短期注意力而言也是一種很好的訓練，只要持續下去，專注力和思考力都將得以強化。

以下，我會帶領大家看看牛津式「用自己的頭腦獨立思考」的各種方法。

12 創造獨門想法的「T-Shape思考」

Point

・淬鍊自己的專業度
・接觸其他領域的知識
・取得知識間的平衡

十九世紀英國哲學家約翰・史都華・彌爾（John Stuart Mill）有句名言說：「try to know something about everything, everything about something.」意思是**「廣泛地學，深入了解」**。

在我任教的大學中，學生們從三年級開始選修專業領域的主題課程。每年都會有學生因為「不知道該選擇哪個專業領域才好」，而跑來找我商量。這種時候，我一定會教他們的，就是「T-Shape思考」。

從「集中深入」到「廣泛淺顯」的知識

T-Shape思考，取的是英文字母「T」字的形狀，用上面的一橫代表思考時知識的幅度，再用下面的一豎代表知識的深度。

換句話說，就是同時擁有「T」字上方一橫筆劃般廣泛而淺顯的知識與興趣，並沿著下方的一豎筆劃，集中深入養成一門專業知識或技術的思考法。

我認為這套「T-Shape」思考法，用在商業思考或工作計畫、設定研究主題及選擇自己想取得的資格執照時，能夠很有效率地派上用場。

「不知道自己對什麼感興趣」的時候，日本人通常會傾向認為「先廣泛接觸，再從中選擇一項加深專業度」，因為日本的教育已經如此制度化了。

在日本，孩子們學習是為了拚命在測驗中考取高分。為了達到這個目的，他們必須盡可能死背「淺顯而廣泛」的知識，以求養成在有限時間內答對更多題目的能力。結果，日本人變得善於有效率地解答「事先準備好」、「有標準答案」的問題，培養出的是「應付考試的技術」。

反觀牛津大學，無論大學部或研究所，學生們在入學時已經確定自己專攻的領域，

「T-Shape」思考法

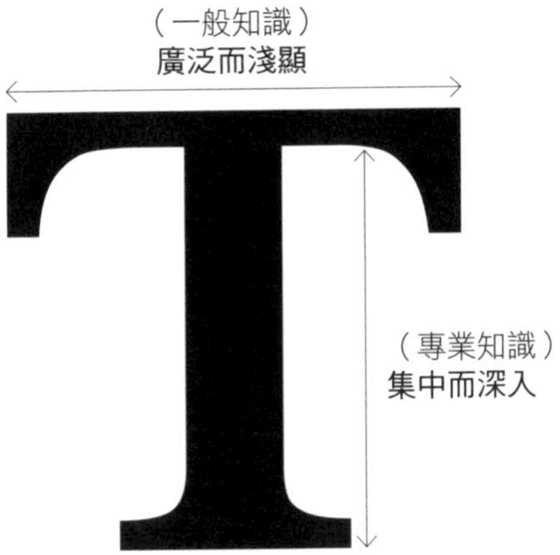

對該領域也已擁有相當深入的知識。這是因為，英國的大學入學測驗形式（GCSE），考驗的是高度的專業知識，和日本入學測驗那種有標準答案可循的出題方式不同。英國的學生們在入學測驗中接受的考驗是：如何運用自己「集中而深入」的知識思考、如何導出結論以及如何明確描述自己獨立思考的內容。換句話說，英國的大學入學測驗考驗的是學生的「創造性」。

接下來我將清楚說明牛津與日本的差異。**日本的教育目標是培養創造性發展的「基礎」，英國的教育目標是培養「創造性」本身。**

然而，進了大學之後，除了自身專攻

的專業領域外，牛津大學還獎勵學生們參與其他學問領域的課程，閱讀不同專業領域的書籍文獻。舉例來說，專攻經濟學的學生，也經常會去接觸文學或人類學的專業知識。

之所以形成這種習慣，是因為獲得專業領域之外的廣泛知識，有助於站在多種不同觀點探究自己的專業領域，而牛津人認為有必要這麼做。一旦陷入某一門專業知識的窠臼，容易變得只從單一角度看待事物，造成缺乏平衡感與公平性的危險。不過，日本的廣泛教育想迴避的也正是這一點。

從「集中深入」的知識拓展到「廣泛淺顯」的知識

「T-Shape」思考法，在面對商場上的談判時也是很重要的技巧。與談判對象之間共同擁有的知識愈多，就能愈順暢地與對方溝通，促進彼此的理解。不只如此，在需要專業度時又能充滿自信地展現思考，與對方交談。

那麼，該如何學好這套「T-Shape」思考法呢?請參考以下步驟。

STEP 1 首先，淬鍊自己特別感興趣的領域知識和技術

一開始就想獲得廣泛的知識，會造成自己對各種事物都太感興趣，專注力渙散，到最後連真正感興趣的是什麼都搞不清楚了。因此，首先還是集中在自己最感興趣的領域，把該領域的知識和技術學到最好。

比方說，如果對經營學有興趣，就要抱著從入門書到專業書都讀遍的氣魄，學到專精為止。

STEP 2 開始注意與專業無關的領域

如果想繼續加深對經營學的專業度，可以試著接觸乍看之下與經營學完全無關的領域（例如文學或哲學……等等）。了解自己專業領域之外的領域中有什麼樣的知識和思考方式。

這麼做，能幫助自己以跳脫一定距離的目光重新檢視專業領域，避免陷入單一思考的窠臼。

此外，也要在某種程度上掌握順應時代、引領潮流的思考方式，提前確認時代的潮流與自己感興趣的專業領域是否有關聯性或落差之處。如果發現更能引起自己興趣的專業領域，索性轉換領域有時也是必要的做法。

STEP 3 「T」字對話法

那麼，又該怎麼做，才能把「專業領域」（專業知識）和「廣泛知識」（一般知識）連結起來呢？

此時，與他人的對話就變得非常重要。人們往往在對話時忍不住高談闊論自己的專業領域。可是，如果聽的人對這個領域不感興趣，還是完全聽不進去。

因此，在對話時請先從廣泛知識中找出對方可能感興趣的部分，再從這裡把話題延伸到自己的專業領域上。

以牛津學生的情況來說，因為最初已經擁有一定程度的知識基礎，所以可以輕易呈放射線狀地拓展知識領域。

相較之下，對一般人來說，「T」字的第一劃雖然是最上面的「一橫」，**為了養成自己獨立思考的習慣，還是請從下面的「一豎」開始，先集中而深入地徹底理解自己感興趣的領域，對知識的興趣才能維持得更長久。**

13 整理說話脈絡的邏輯思考

Point

- 整理資訊與思考
- 防止話題太跳躍
- 消除說明中遺漏或重複的部分

「logical thinking」就是「邏輯思考」。聽起來好像有點艱深，其實，所謂的**「邏輯思考」就是一種把複雜的事簡單化的思考方法及步驟，也是幫助我們找出問題從何下手解決的思考術**。此外，邏輯思考也能幫助我們藉由自己的推測釐清原因與結果，提高與人順利溝通的能力。

邏輯思考就是一種思考的「技術」，只要經過訓練，每個人都能養成。

金字塔結構（邏輯樹）

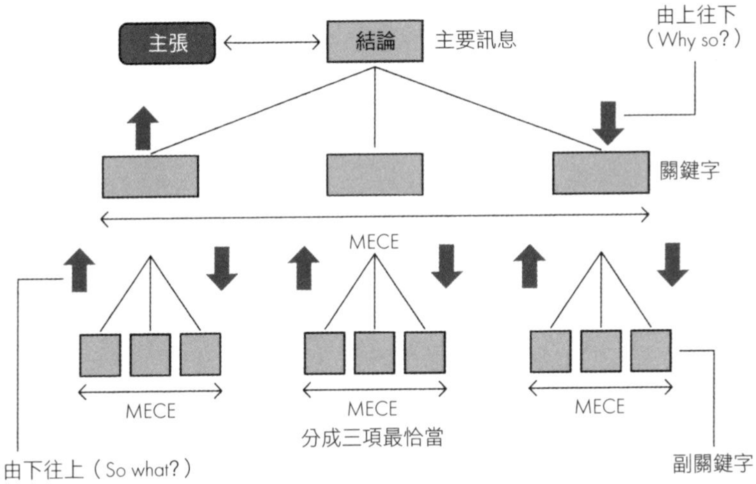

思考呈金字塔型展開

邏輯思考的基本構造稱為金字塔結構（又稱邏輯樹），透過邏輯樹，可以看出「主張」及其「根據」的呈現。

一般來說，主張位於頂點，根據（方法）則配置在金字塔上各處，故稱為金字塔結構。**一旦按照金字塔結構排列，就能將「希望傳遞自己的主張給對方時，該怎麼說才好」用漂亮的圖形呈現出來。**

最上面放的是最想傳達的訊息（「主張」、「結論」、「疑問」等）。下一層則是做為主張根據的

「關鍵字」，再下一層是「副關鍵字」。基本上，金字塔結構就是將自己想表達的內容分成三層左右，階梯式地統整起來。

各「關鍵字」或「副關鍵字」的項目以三項最為恰當，多的話也請不要超過五項。

牛津大學非常重視邏輯思考。這是因為無論政治經濟學也好，經營學也好，或是我專攻的教育學也好，這些學問的未來都是不透明的，必須鉅細靡遺地分析有各種問題需要解決的現代社會，並做出有根據支持的決斷。想要達到這樣的目標，**最快的捷徑就是學會跟著「分析→發現問題→加以解決」順序走的邏輯思考技術**。

以Why so?「為什麼會這樣？」／So What?「那又怎樣？」建立邏輯

在本書第一章中介紹牛津一對一指導課程的章節裡提過，「Why so?」與「So What?」的對話和思考，是邏輯思考中的重大要素。

那麼，為什麼反覆這些「追究原因」的思考會那麼重要呢？這是因為，這麼做才能深入事物的本質。

牛津人普遍養成「存疑精神」，對於世間一般人深信不疑的「正確答案」，反而會加以懷疑，著手探究。藉著不斷追問「為什麼」來釐清背後是否有隱藏的問題。

邏輯思考以不斷反覆詢問「Why so?」與「So What?」的方式，構築起將「最終結論」置於頂點的金字塔結構。

「金字塔結構」的構築法分為兩種。一種是從底層往上堆疊的**「由下往上法」**，一種是由頂點往下拆解的**「由上往下法」**。

「由下往上法」是從金字塔底端層層疊起「So What?」（那又會怎樣？），朝頂點的結論前進。也可以說是「分解要素」的手法。

相反地，「由上往下法」則是先決定頂點的結論，再從這邊開始往下追問「Why so?」（為什麼會這樣？），一邊提出「根據」和「方法」，一邊往金字塔底端下降（探究原因的手法）。

此外，還可以透過反覆提出「How」（該怎麼做？）的方式，往上或往下追問（解決問題的手法）。

ＭＥＣＥ：互不重複，互無遺漏的訣竅

拆解金字塔結構頂端訊息的「關鍵字」和「副關鍵字」，也可說是支持理論邏輯的重要「切入點」。「切入點」設定得好，就能確定關鍵字的分類是否互不重複且互無遺漏，讓分析的整體方向性更精準。

在這種時候，用「ＭＥＣＥ原則」做確認，就是一種有效的方法。「ＭＥＣＥ」是「Mutually Exclusive and Collectively Exhaustive」的縮寫，意思是「互不重複，互無遺漏」。善用ＭＥＣＥ原則，可以幫助我們確認金字塔結構的整體構造是否正確。

比方說，將人類分成「成年人」與「未成年人」兩個關鍵字，就是一種達到「互不重複」的ＭＥＣＥ。反之，如果將人類分成「男人」、「女人」和「小孩」三個關鍵字，就會形成重複（小孩的分類中同時有男也有女）。另外，分成「高齡者」和「兒童」則又會出現遺漏的狀況，也不算是ＭＥＣＥ。

基本上，只要採取「A和除了A之外的」的分類法，就能形成確定的ＭＥＣＥ。多重複幾次，就能將ＭＥＣＥ分得更細。

在邏輯思考上運用ＭＥＣＥ，可有效率地整理數量龐大的資訊。這種時候，以適當

MECE（互不重複，互無遺漏）

人類

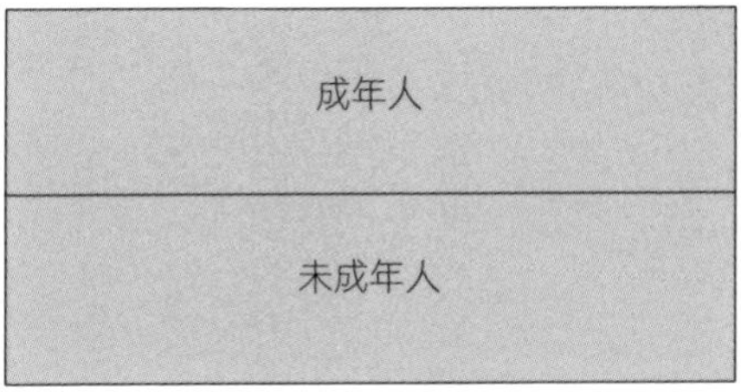

互不重複且互無遺漏

人類

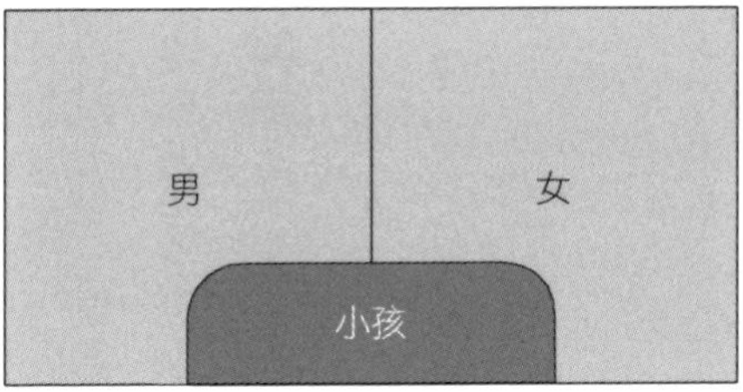

小孩可能有男孩也可能有女孩，因此出現重複

人類

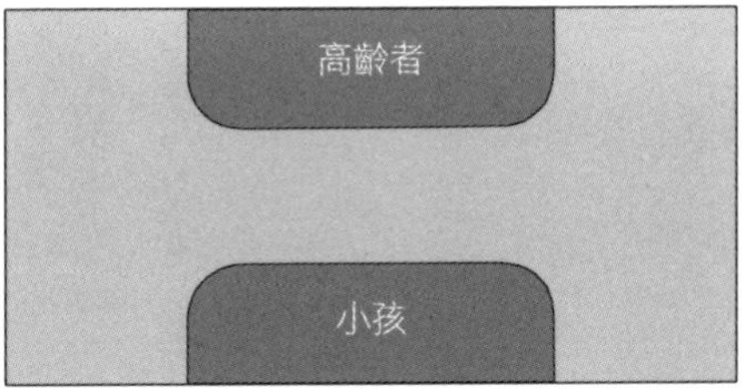

除了高齡者和小孩之外還有遺漏的選項

的目的和主題做為切入點做分類，就能將整體資訊看得更清楚。

【練習】

以下使用「由下往上法」，實際上試著做一個簡單的金字塔結構。

「由下往上法」是從各種不同根據準則與手段中導出最終結論的方法，也是許多人日常生活中運用得到的方法，又稱「歸納法」。

其步驟如下。

主題：從①提供的資訊可否認定「日本人A先生留學牛津大學並取得學位的機率很高」？

❶收集資訊和知識，設定「副關鍵字」（「根據」等）第三層

A先生「現在就讀某知名大學，保持頂尖成績」、「在留英所需通過的英語測驗中獲得高分」、「指導教授很看好他」、「有住在國外的經驗」、「擅長與人交談」、

「人人都喜歡他的個性」、「取得某財團獎學金」、「打工存了足夠的錢」、「家裡也能給予經濟支援」。

❷按照不同主題為「副關鍵字」分類 第二層

運用「MECE」原則，設定取得學位所需的「學業層面」、「溝通層面」、「經濟層面」等副關鍵字。

❸為各分類想出能反映主題的下一層「關鍵字」

「學業層面」：「具備充分寫論文的能力與資質」。

「溝通層面」：「交談能力、英語能力及與人溝通的能力很高」。

「經濟層面」：「留學所需的經濟基礎穩固」。

❹ 根據「關鍵字」思考「主要訊息」第一層

「A先生留學牛津大學取得學位的機率很高」。

使用「由下往上法」時，最重要的是想像眾人會對自己拋出哪些「So what?」，然後提出回答問題的「根據」來「說服」對方。若觀察事項的切入點不夠準確，或是觀察事項不夠多，只能勉強做出結論時，很可能產生「無法說服對方」的結果。（以上面的例子來說，就是沒有提到對「健康層面」的觀察）。

反之，「由上往下法」則已經先有（「A先生留學牛津大學取得學位的機率很高」的）結論，再對此一結論提出「why so?」質疑，一路分解下去。

建構金字塔結構時，必須注意不能只依賴自己的經驗或偏見，充其量只能站在客觀角度分析。此外，請盡可能層層深入地設定「關鍵字」和「副關鍵字」。太淺的階層只是將平常思考的事分層整理罷了，無法達到深入分析的目的。

想要養成邏輯思考能力，平常就要重視鍥而不捨，用自己的頭腦貫徹獨立思考的態度。秉持這種態度，慢慢累積實際上運用邏輯思考的經驗及模擬經驗吧。

14 畫出「樹狀圖」的心智圖思考法

Point
- 用圖像整理思考
- 延伸、拓展語彙
- 快樂地想像

我曾有過與英國、美國、印度及台灣的學者們在研討會上發表共同研究的經驗。和一群語言文化不同的人一起做研究，參與並發表同一個研究計畫，這是一件非常有趣又刺激的事。但也經常遇到彼此無法理解，必須用上更多時間等種種困難。

這是發生在我們為了研究計畫而進行討論時的事。印度學者總是一股腦地丟出自己的意見，因為他說話的速度實在太快，其他人必須很努力地聽，才好不容易跟上他的思維。這時，英國學者開始在投影ＰＰＴ用的白板上畫起圖來，用圖像整理印度學者說明的內容。他畫出的圖像令人聯想到一棵大樹，有粗大的樹幹，枝葉由內向外逐漸變細，擴展開來。

這就是一般稱為「心智圖」的整理法。面對複雜的思考或創意時，使用心智圖掌握整體印象，就能將想表達的內容清楚易懂地傳達給每個人，因此也可以說是一種世界共通的「圖像語言」。

用圖像整理思考的「心智圖」

「心智圖」在一九七〇年代初期由英國教育家，同時也是作家的托尼・博贊（Tony Buzan）所提倡，是一種用繪圖的方式表達自己思考的方法。

這也是一個對「整理思考」、「擴大想像」、「解決問題」極有效果的技巧，比方說企業的計劃案或研修內容、一般家庭的購物或旅行計畫，以及想改善原本耗時的研究計畫，縮短時間，增進效率等等，「心智圖」可運用的場合很多。在國際學生能力評估計劃中提昇了成績的芬蘭，就是將名為「Ajatus Kartta」的心智圖導入學生的國語課程之中。

心智圖範例

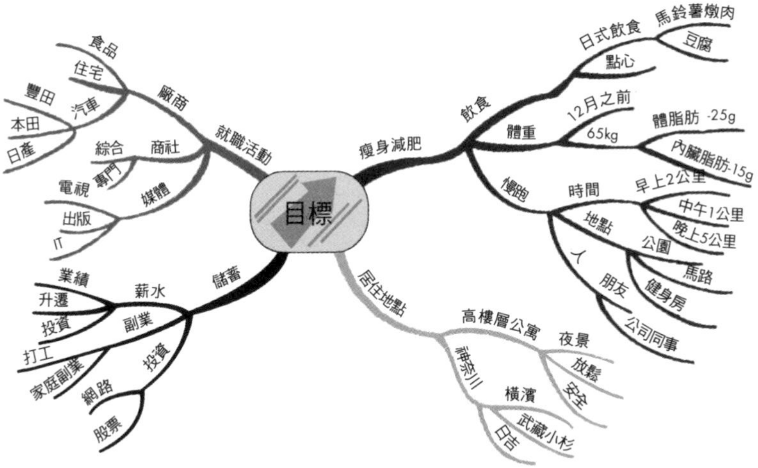

運用心智圖，**能夠透過繪圖或圖像，將腦中尚未文字化的想法及創意與「語言」做連結，因為與大腦的處理機能構造相符，因此能有效幫助我們更快速地整理、理解與記憶資訊情報。**

那麼，接下來試著實際畫一張心智圖吧。請準備紙、彩色鉛筆或彩色筆，盡可能準備多種顏色。

心智圖的基本畫法，就是從紙張中央開始畫下自己對想表達的主題或關鍵字的印象（「central image」，主題），接著在周圍以放射狀方式畫下從中聯想到的關鍵字和印象（「main branch」，主幹），最後從主幹延伸出許多枝葉（「branch」，分支），逐步擴大靈感與創意。

試著練習下面三個步驟，設定「目標」為主題。

STEP 1 決定主題

(1)在紙張中央畫出一個主題（可以是文字也可以是圖像），中間寫上「目標」。
(2)畫在心智圖正中央，為心智圖中最大的部分。
(3)至少使用三種顏色。

STEP 2 決定主幹

(1)用粗線條清楚描繪（畫在主題周圍，分成「就職活動」、「儲蓄」、「居住地點」、「減肥瘦身」等四個主幹）。
(2)用顯眼的顏色來畫（本範例使用四個顏色）。
(3)必須與主題相連。

STEP 3 決定分支

(1)以較細且流暢的線條自由畫在整張紙上。
(2)愈向四周線條愈細。
(3)分支必須與主幹相連。

畫心智圖時的重點

【詞彙】

(1)在每個分支上放一個詞彙。
(2)請選擇單純而有趣的詞彙。
(3)愈往末端內容愈具體。

【顏色】

(1)請使用大量繽紛的色彩。

(2)可以選用自己喜歡的顏色。

【圖像】

(1)也可以在主題、主幹和分支上畫上各種圖案。

(2)使用自己畫的漫畫、插圖、喜歡的卡通人物或角色等等。

練習到這裡覺得如何呢?心智圖的結構非常單純,任何人都可輕鬆完成,卻能幫助大腦想出許多詞彙,在刺激創意上是一種效果顯著的工具,也可以說是在整理計畫、紀錄、需求表時,彙整為語言文字表達前的一個階段。

現在市面上有很多可在電腦上使用的心智圖軟體,各位不妨嘗試看看。

15 偶然的靈光閃現帶來的意外發現（Serendipity）

Point

- ．抱持「為何」的疑問
- ．擁有持續思考的環境
- ．養成持續思考的習慣

各位是否曾有過無意間抓住意想不到的機會，或忽然浮現靈感的經驗呢？在英語中，這種狀況稱為「serendipity」。

根據牛津英語辭典，「serendipity」有「意外發現的寶物」、「意外發現珍貴物品的天賦才能」、「偶然的發現」等意思。此外，這個詞彙也意味著將「不幸」轉變為「幸運」的力量。

「serendipity」的由來，是英國文學家霍勒斯．渥波爾（Horace Walpole）創作的童話故事《錫蘭三王子》（*The Princes of serendip*）中主角擁有的特殊能力。這是一個描寫錫蘭（現在的斯里蘭卡）王子們在偶然發生的事件中得到新發現，並藉此運用智慧獲得成功的故事。

事實上，這種因巧合或意外發現而誕生的創意或發明，在歷史上實為常見，也為人們所熟知。

● 阿基米德「浮體原理」……洗澡時看到滿出的水而偶然發現。
● 牛頓「萬有引力」……看到蘋果從樹上掉下來而偶然發現。
● 本田宗一郎（本田汽車創辦人）「摩托車」……嘗試把小型汽油發電機裝在腳踏車上而偶然成功。

除此之外，也有獲得諾貝爾獎的大發明，其實是從眺望天花板上的圖案時得到的靈感，或是將原先失敗的作品挪為他用，無意間熱賣暢銷而獲得的成功等等，「serendipity」的例子不勝枚舉。

容易引來「serendipity」的環境與習慣

造訪過牛津的人都知道，無論牛津大學或牛津這個城市，整體而言依然保持著中世紀的氣氛，只要踏出城市一步，立刻能享受到廣大自然環境的包圍，可說是一座「陸地上的孤島」。修道院和教堂等設施，因為與大學的宗教經營背景有關，也因向來幾乎沒有娛樂要素，成了學生們追求學問時最適合的場所（畢竟也沒辦法做別的事）。正是這樣的環境為牛津大學培育出眾多留下偉大功績的哲學家、科學家與文學家。

《愛麗絲夢遊仙境》是一部人見人愛的作品，其作者路易斯・卡羅（Lewis Carroll）就是在牛津大學最有名的基督堂學院一邊學習數學，一邊完成了這部作品。

對日常生活感到無趣的少女愛麗絲，因為追趕突然出現的掛著懷錶的白兔，誤闖了不可思議的奇幻世界，而展開一場冒險旅程。野兔、睡鼠、笑臉貓、公爵夫人、帽子先生……愛麗絲在旅途中遇上了這些奇特的人物與角色，激盪出各種智慧與靈感，在過程中逐漸成長。這樣的故事引起許多讀者的感動與共鳴。

我在閱讀這個故事時，發現愛麗絲遇見的種種人物與發生的種種情節，或許都是作者以牛津人日常生活中理所當然的體驗，或可能發生的事為基礎寫成的。說來有點不可思議，即使是在牛津司空見慣的景色或建築物，只要蒙上一層時間或季節的神祕面紗，就會呈現出完全不同的面貌。作者路易斯察覺了這一點，只加上了一點想像力，就完成了這部全世界無人不知、無人不曉的作品。

這種抓住偶然的發現，使其導向成功的力量，往往能在牛津人身上看見。換句話說，我認為那就是容易引來「serendipity」的環境與習慣。

面對理所當然的事，也要加入「為什麼」的觀點

蘋果從樹上掉下來，說起來是非常理所當然的事。但是，更重要的是對這種理所當然的現象抱持疑問。接下來，還要試著思考相反的現象。

舉例來說，牛頓看到「蘋果從樹上掉下來」後，接著產生了「月亮為什麼不會掉下來」的疑問，這兩個疑問相互印證的結果，才發現了地球上的「萬有引力法則」。

即使是如此偉大的發現，**有時也只是始於對理所當然現象的單純疑問：「為什麼」？**

既然如此，該怎麼做才能在日常生活中對各種事物或現象抱持懷疑，進而從中發現

新的意義呢？可以從以下五點展開思考。

POINT 1 沉浸在自己有興趣的事物中

牛津人在平常繁重的課業中無意識地養成了「思考」的習慣。因為具備這樣的習慣，專注力自然提高，形成對任何事物特別敏感的體質。

無論運動也好、閱讀也好，請二話不說地投入自己「特別有興趣」、「覺得好像很有趣」的事吧。這也是一種保持專注力的訓練。唯一要注意的是，一定要避免對健康造成不良影響的做法。

POINT 2 對「思考」這件事抱有自覺

養成自覺正在「思考某事」或「專注於某事」的習慣吧。運動或讀書時也一樣，重要的是加入「為什麼」的觀點。

不只在牛津就學的時代，直到現在不管走到哪裡，我依然會隨身攜帶小筆記本或行事曆。只要一觀察到或感受到什麼，就會立刻寫下來。此外，看到感興趣的風景或繪畫時，我也會用智慧型手機的拍照機能馬上記錄下來保存。

刻意提醒自己去做這些事，反覆下來養成習慣之後，**就能擁有自覺，隨時都清楚自己正在「思考什麼」、「找尋什麼」**。記錄下來的內容或畫面能發揮激發與培養想像力的作用。

POINT 3 把握能提高專注力的地方或狀況

每個人都有自己特別容易浮現靈感或創意的場所。比方說咖啡店、圖書館、移動中的電車或汽車等等，觀察自己在哪裡特別容易產生靈感，找出這樣的場所吧。

我在牛津就讀時，除了住家、學院和圖書館之外，還有一個被我稱為「第四窟」的地方。那是一間遠離市區的「酒吧」。英國的酒吧就像日本的居酒屋，是人人都能隨性上門飲食放鬆的地方。被我視為第四窟的酒吧幾乎沒有牛津的學生會去，店裡經常只有幾名住在附近的常客，在這種安靜的氣氛中，我常掏出紙和鉛筆，一邊喝一杯「苦啤酒」，一邊享受思考的樂趣。

回到日本之後，現在的我也有屬於自己的「第四窟」，我經常在那裡思考，得到許多靈感與創意。

POINT 4 從經驗及行動中找出意義

我們經常任由自己活在單調的生活節奏中，因此，在規律的日常生活（通勤、育兒、讀書、加班……）下，理所當然的場景與事物中，更需要特別花費一番心思，才能找出「新的意義」。

訣竅很簡單。正如書中已重複多次，只要**在有所發現時加上「為什麼」的觀點就行了。**

教育學中的「潛在課程」（The Hidden Curriculum）就是一個很好的例子。學校教育看似照表操課，事實上卻不只「課表上的課程」（這是非潛在的，實際看得見的課程），同時也存在著沒有人發現，卻會對每個人造成影響的另一種「潛在課程」。

舉例來說，各位會對下面的狀況「賦予什麼意義」呢？

(1)老師站在學生面前教課。

(2)上課時，學生靜靜坐著學習。

(3)畢業典禮或頒發獎狀時的順序，從男生先開始。

這些都是日本各中小學校中常見的光景吧。如果用「潛在課程」的觀點來解釋，就會出現下面這樣的結果：

(1)顯示老師的權威（學生在不知不覺中產生必須服從威權的意識）。

(2)無論自己意願如何，都必須保持安靜聽課的姿勢（考驗學生的耐力）。

(3)造成男生優先於女生的意識（男尊女卑社會的形成準備）。

如上所述，乍看之下人人眼中理所當然的行動裡，其實「隱藏著（或說被隱藏了）某種意義」。請養成隨時留心這種「隱藏意義」的觀點吧。

POINT 5 養成持續思考的習慣

換句話說，就是培養當我們如ＰＯＩＮＴ４描述的，從某種狀況中發現疑問或找出意義時，盡可能持續思考下去的態度。「因為現在很忙」、「下次再想吧」等念頭，會讓我們丟下問題不管，好不容易浮現的問題意識或創意「種子」，可能就這樣遺忘，或被別的問題轉移注意力，最後得不到任何成果。請養成**作筆記、抱持疑問、盡可能在當天完成思考、整理起來**的習慣。

以上五點說明了「serendipity」不是偶然造訪的幸運。我們周遭的一切風景、現象、行動中皆可能隱藏有導出重大發現或意義的「種子」，serendipity也可以說是「察覺」這些種子的能力。只要稍稍改變日常生活中的習慣和思考方式，serendipity將更容易發揮效果。

Chapter 3

Essence
牛津人重視什麼

- 徹底思考沒有答案的問題。
- 大量對話，從中鍛鍊思考力。
- 學會「察覺」、「分類・整理」資訊情報的技術。
- 運用「集中而深入」的知識表達思考。
- 思考「為什麼」的精神。
- 養成容易產生「serendipity」的習慣和行動。

Chapter

4

牛津式「話語技術」創造獨家話語的技術

Differences of habit and language are nothing at all
if our aims are identical and our hearts are open.

只要目的一致，放開心胸，
語言與習慣的不同根本不算什麼。

（電影《哈利波特：火盃的考驗》）

16 藉由整理成話語，讓思考更清晰

至此，本書已介紹了思考前應做的「準備」，以及實際上「思考」時必須使用的方法。

那麼，該怎麼做才能將思考整理成語言，有效率地傳達給對方呢？

自己的想法如果不用言語表達出來，就等於「無」

即使在腦中拚命想了許多，如果不能化為言語說出口，在某些狀況下就算被人認為「腦袋空空，什麼都不想」或「這個人沒有意見」，或許也是無可奈何的事。**只有在化為語言，說出口之後，思考才會浮現清楚的輪廓**。

在日本，我們從小就被教育不管做什麼都「不要給周圍的人帶來困擾」。和其他國家相比，日本人「在意旁人目光」的心理特別強烈。工作中、上課中、搭乘公車或電車時，都被要求極力保持安靜。此外，日本人往往認為開會時「表現安靜」的人是「思考周到」、「專心聆聽對方的意見」等等，對這種態度給予正面評價與讚賞。

然而，這種觀念能否套用到世界各國可就是個問題了。根據某項研究數據顯示，日本人在聯合國舉行的國際會議中，發言的比例較其他國家代表更低。聽說聯合國舉行國際會議時，議長總會為了「如何讓日本人多發言」傷透腦筋，另一方面則又認真思考「如何讓印度人少說點話」，這或許是玩笑話，但日本人的不善言詞，也可從這笑話中窺知一二。

人是受情感左右的生物

把自己的想法傳達給對方。乍聽之下，這似乎是非常自然的行為，然而事實是，在將想法化為言語的階段，往往就會產生各種各樣的問題，使我們無法順利表達自己的想法。

其中一個原因是，我們常常說些只有自己聽得懂，但無法與對方共享的話。此外，

是什麼干擾了我們正確表達想法

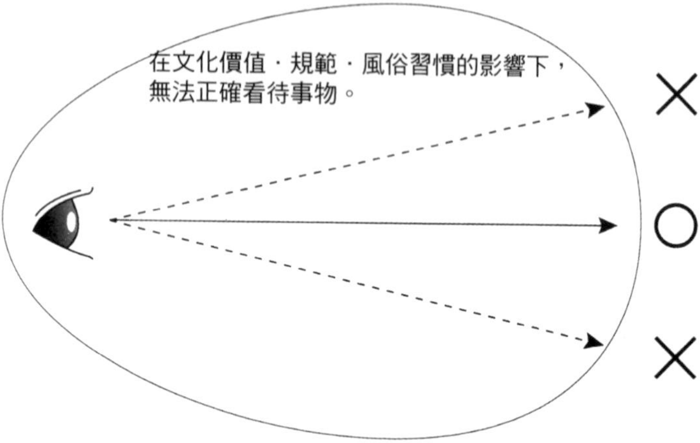
在文化價值・規範・風俗習慣的影響下，
無法正確看待事物。

人是受到情感左右的生物，在說話當下的心情或情緒影響下，也會無法準確表達出原本真正想說的意思。有時甚至還可能說出違背本意的內容。相信各位讀者都有類似經驗吧。

干擾我們，使我們無法正確表達想法的原因有很多。有的是說話者的內在因素，有時則是說話者周遭的環境因素。

上圖顯示的是人在觀察「事物」時的狀態。直線通往○表示對事物有正確的理解。虛線通往X則表示沒有正確理解。

除了內在因素和環境因素外，還有一種情況，是當事人的心理因素與周圍人事物的關聯性產生相乘作用，使得說話者無法正確表達想法。舉例來說，人際關係

（上下關係、夫妻關係、師生關係……等）就是其中最典型的一種。

從牛津式「文」、「武」、「遊」中產生的獨創語言

前面也提過，牛津大學是一間「文武雙全」的大學。無論學術研究或運動競技，在全世界都是數一數二的「頂尖」。始終跑在眾人前方的牛津人，自然有著超群卓越的企圖心。

不過，我向來認為，**除了前述「文」與「武」之外，還得在牛津人的信念中加上一個「遊」**。「遊」就是「遊玩」。每逢週末或休假，牛津人總會盡情享受各種休閒娛樂。

「學校」的英文「school」和「學者」的英文「scholar」都來自拉丁文中的schola（學校），再往上追溯語源，其實又來自希臘文的「skhole」，意思是「餘暇、空閒」。因為在古希臘，生活無虞的貴族都是利用生活中的「空閒時間」學習知識藝術等教養。於是，原本代表「空閒」的字義，便逐漸帶有「學問」的意思了。

這種「空閒」等於「學問」的感覺，至今仍根深蒂固於牛津人心中，成為牛津人特

質中的「遊玩」要素。許多偉大的發明或靈感，正是從這份玩心中誕生。換句話說，遊玩是追求學問不可或缺的要素。

接下來即將在本章中介紹的，就是一方面避免說話者受內在情感左右，一方面顧及與周遭的關係，最後再加入「玩心」的「創造獨家話語的方法」。

17 隨時提醒自己：創造並使用能使對方理解的話語

Point

・把自己的想法化為言語
・小心「基模」
・站在對方的立場選擇詞彙

「太初有話」。

這是《新約聖經》中〈約翰福音〉第一章第一節裡的句子。意指世界依神的話語創造。換個角度想，若沒有話語就無法認知萬事萬物，而無法認知的事物又等於不存在。

舉個例子吧，走到戶外抬頭仰望天空，可以看到一望無際的藍天。但是，如果沒有「天空」這個詞彙，誰也無法認知那就是「天空」，也無法表達天空的存在。

化為語言，就具體了起來

我們自己在腦中思考時，「想法」是模糊而抽象的。唯有化為言語說出口時，想法才會變得具體，進而能夠傳達給別人。反過來說，**如果沒有語言，思考本身就「等於不存在」了**。

當然，除了言語之外，運用肢體語言或畫圖等表達方式還是能將想傳達的訊息具體化，然而，最簡單也能與最多人共享的方法畢竟仍是「語言」。

語言看似理所當然的溝通工具，大多數人一定都曾有過「一旦想說出口，卻怎麼也無法化為言語」，或「明明有很多想說的話，卻不知為何說不出口」的經驗吧？這類情形的背後，往往有著「想把話說得完美」、「一定要注意遣詞用字，不能出錯」的焦慮或擔心。

現在，身為教師的我必須在許多學生面前說話，某種程度上已經很習慣「說話」這件事了。即使如此，我也並非從小就是個口若懸河，滔滔不絕的人。

在牛津就學時，一位專攻戲劇的朋友曾經教我一種在需要時能立即脫口而出台詞的訓練法。這種方法並不難，各位不妨利用工作或學習的空檔實地嘗試看看。

【練習：將思考化為語言】

STEP①

事先準備一個有秒針的鐘錶，再找一個能夠獨處的地方。

STEP②

決定主題，從計時開始之後「一分鐘內」，針對主題不管聯想到什麼就說什麼，實際開口發出聲音說出來。不必是有條有理的文章或句子，沒有前後脈絡，只是單字的排列也沒關係。

【例】主題為「教育」，計時開始：「小孩、學校、霸凌、問題……」

STEP③

將時間陸續延長為三分鐘、五分鐘……在時限內不要停止說話，將腦中浮現的詞彙連續不斷地說出口。

【例】「學校教育中的學童霸凌問題愈來愈嚴重……」

這個練習的目的，是要消除我們內心對「想到什麼就說什麼」的心理障礙。

把「心裡想的」化為言語，能讓抽象的概念或意識更具體成型。練習時就算表達錯誤也沒關係，不斷反覆脫口而出練習下去，無論對詞彙的選擇或使用都會愈來愈進步。

「語言」是用來放入「意義」的容器

關於將思考化為語言這件事，讓我們再深入一點探討看看吧。

動物裡的「狗」，為什麼日語說「いぬ」，英語說「Dog」呢？正如開頭提到的聖經裡的話，人如果沒有「語言」，就無法表達世界上的萬事萬物。因此，不管是「いぬ」還是「Dog」，都是專門用來指涉「狗」這種動物的「語言」。這就是索緒爾（Ferdinand de Saussure，瑞士語言學家）在「符號論」中提出的想法。索緒爾將「いぬ」或「Dog」等詞彙稱為「符號」。

不過，接下來才是重點。

舉例來說，前面提到「狗」時，說的人往往會誤以為所有聽的人「對這個字的理解完全相同」。然而事實上，有的人腦中浮現的可能是「鬥牛犬」那樣又大又兇的狗，有人腦中浮現的可能是「玩具貴賓」這樣又小又可愛的狗。

像「狗」這樣經由文字排列進入人類大腦的資訊，會先與原本腦中存在的視覺形象（親眼見過的形象）結合之後，人類才會對這個詞彙做出理解。比方說，聽到「向日葵」三個字時，腦中先浮現開在夏天的高大黃色花朵，然後做出「是那種花啊」的理解。

可是，當同一個詞彙在進入不同人的大腦，和各自腦中形象結合的階段，就會產生「差異」。當然，一般來說不可能會產生把「狗」當作「貓」這種差異，可是每個人腦中浮現狗的形象時，外型品種可能不盡相同。

再者，對「狗」這個字的理解或許還可以說差異不大（畢竟是有具體形狀與顏色的生物），其他像是英語中的「take」或「get」，日語中的「氣」或「當下的氛圍」等詞彙，即使說的人心中有明確的定義，聽的人卻很難掌握其真正意涵。像這樣的「詞彙」（或說符號）其實很多。

上述情形，在將思考「化為言語」時雖然是個非注意不可的重點，幾乎所有人卻都沒有意識到這一點。假設對十個人說話，可能就會產生十種理解方式，我們卻經常忽略這個。

從牛津課堂上犯的錯學到的語言印象

前一節提到，包含於語言中的視覺印象因人而異，除此之外，在用言語表達想法時，還必須注意另外一個差異。

那就是，當我們用言語傳達想法時，所傳達的詞彙中帶有相關「資訊」或「知識」的情形。

這種情形稱為「基模」（schema），指的是說話者在不知不覺中對所表達的事物帶有自己的見解或思考。簡單來說，意思類似「既定概念」或「偏見」。

以下是我在牛津大學課堂上實際發生過的例子。

那天，我們在課堂上討論各國學校除了上課外還有哪些活動，進而比較各種活動的功能和意義。我舉的例子，是日本學校裡一年一度的「運動會」。

提到運動會，各位讀者腦中浮現的是什麼樣的光景呢？如果讀的是一般公立中小學，運動會大概都在校長的致詞中揭開序幕，有接力賽、拔河、滾大球、疊羅漢、啦啦隊、每個學年的舞蹈競賽等等項目吧？此外，分成白隊與紅隊的分組對抗形式，男女分開競賽的項目、不同學年的整隊遊行、賽場上禁止聊天……等等，運動會上的競賽形式和規定也千篇一律。

我向同學說明，日本的運動會不只是為學童創造美好回憶的活動，運動會的另一個目的，乃是為了鍛鍊學童將來在社會上生存所需的集團主義及砥礪切磋精神。尤其在我還是個孩子的時代，比起前者（創造美好回憶），學校甚至更著重後者（培養適應社會的功能）。

我在發言最後加上一句「相信其他國家一定也有發揮類似機能的這類活動吧」。然而，一看到同學的表情，我立刻知道他們並不理解我說的意思。我感到疑惑，反問大家為什麼。於是，大多數同學都說，在他們國家的學校裡，並沒有類似日本中小學運動會的校園活動。不只如此，他們還提出「運動應該是像奧運選手那樣，以個人步調從事的活動」、「運動不該為了以社會的規律為目的，只要享受競技（或觀戰）的樂趣就好」……等意見。

也有畢業於英國傳統公學（皇室子女或富有人士就讀的著名私立高中）的同學提出對運動的看法，比方說「騎馬是為了保持正確美觀的姿勢」、「西洋劍是為了學習公平競爭的精神」等等。

一如本節中的說明，人們對語言詞彙的印象或「基模」並不是刻意造成的東西。而是**受到母國文化習慣或規範影響，或基於個人體驗及知識自然形成**。

因此，與人交談時，如果對方的「基模」和自己一樣，那當然沒有問題，若是不相同，就必須多加注意。

此外，「基模」的問題不只會發生在異文化或異人種之間，即使同樣生活在日本，也會因為成長的家庭環境或地區性差異，及性別、世代的不同而產生不同的「基模」。

18 養成追溯話語源泉的「自問自答」習慣

Point

- 用5W1H創造語言
- 「Why」（為何）和「Because」（因為）不可分開
- 不能對自己說的話

將想法化為言語的過程，也可以說是對自己提出問題，再針對問題提出答案的過程。換句話說，只要養成「自問自答」的習慣，就能更有效率地湧出更多言語詞彙。

反覆「5W1H」，創造語言

正如本書中多次強調的，牛津大學的學生透過一次又一次的「一對一指導課程」，在教授的嚴格質問中培養出良好的回答能力。同時，這也訓練了牛津人加深自己的思考，將思考轉化為語言，並順利傳達給對方的能力。

我在將自己腦中的想法轉化為話語或文章時，經常運用大家或許耳熟能詳的「５Ｗ１Ｈ」，反覆自問自答。

「５Ｗ１Ｈ」指的是英語中的**Who（跟誰）**、**What（做什麼）**、**When（何時）**、**Where（何地）**、**Why（為何）**、**How（如何）**。是經常用在新聞第一段（引子）的技巧，肩負將新聞內容與事件正確傳遞給閱聽人的責任。

針對一個主題說話或寫文章時，請運用「５Ｗ１Ｈ」自問自答。如此一來，就能有效率地創造語言。一次又一次的自問自答，直到再也想不出點子。這時，所有能想出的語言詞彙都想出來了，文章也完成了。

舉例來說，以「從小到大，到現在仍在踢足球」為主題，試著創造語言。這種時候，就可以運用「５Ｗ１Ｈ」不斷對自己提出問題，從中創造語言詞彙，收集更多表達的內容資訊。

以下是範例。盡可能對自己提出大量問題，並加以回答。「５Ｗ１Ｈ」的順序和提問次數可自行視狀況變更。

●什麼時候開始對足球有興趣，想要踢足球？（When）

↓「小學，十歲的時候。」

●為什麼會那麼想？（Why）

↓「當時日本職業足球聯賽剛成立，人人都對日本足球的未來寄予厚望。」、「當時，希望自己將來也能當上職業足球選手。」

●受到誰的影響？最尊敬的選手是誰？（Who）

↓「最早會想踢足球，是因為要好的朋友邀我一起踢。」、「最尊敬當時世界知名的馬拉度納選手，他的球技深深吸引了我。」

●經常在哪踢球？（Where）

↓「少年時代常在國小或國中的操場上踢。」、「現在則在公司旁的足球場踢。」

●從足球中學到什麼？（What）

↓「團隊精神的重要性。」、「鍛鍊了臨危時的判斷力。」

●關於足球，「最感動的」、「最痛苦的」、「思考最多的」分別是什麼？（What）

↓「參加地區大賽，經過一場激戰後獲得冠軍。」、「在比賽中受傷，很長一段時間不得不脫離賽場。」、「為了踢出更厲害的球，對職業賽做了許多研究。」

- 如何將足球經驗運用在人生中？（How）

↓「懂得重視與職場上工作夥伴的團隊合作。」、「培養了即使陷入苦境也會堅持到最後一刻的意志力。」

- 遇到瓶頸時，你會如何處理？（How）

↓「接受教練的指導。」、「加倍練習。」、「暫時停止踢球或比賽。」

由以上例子可知，只要善加運用「5W1H」反覆自問自答，便能依據自己的經驗、知識，以及與主題相關的資訊情報，從中創造出大量的語言詞彙，而且做起來並不難。

如果你的腦中總是無法浮現語言詞彙或創意想法，原因或許出在自問自答的次數太少。疑問數不足就代表資訊量不夠，內容也不連貫，如此一來，等到要向他人傳達時，對方就會難以理解你要表達的內容。

「Why」（為何）的後面，一定要有「Because」（因為）

此外，**在運用「5W1H」自問自答時，問及「Why」（為何）的時候，一定要一併思考「Because」（因為）**。一旦少了「為什麼會這樣？」、「我之所以會這麼想，是因為……」等原因解釋，在傳達給對方的階段，對方聽到的就會是資訊不完整的內容。

比方說，像下面這段文章。

「年輕時出國的經驗，出了社會就能派上用場。因此，有機會一定要趁大學時出國留學。」

這種類型的文章很常見，如果能在文章裡加上「原因」（因為），內容就會更有深度。舉例如下：

「年輕時的出國經驗，出了社會就能派上用場。因為現在很多企業不只設在日本國內，更在海外設有分公司。因此，會說外語，懂得如何和異文化交流的人，今後將會擁有更多在國際舞台上活躍的機會。」

在與人交談時，說明「原因」是很重要的事。因為對方往往最想知道「為什麼會那樣」。只有原因明確，能一一解答聽者的疑問，才稱得上是清楚易懂的內容。

不可問自己這些問題

在自問自答的階段，有些問題不能拿來問自己。因為這些問題很可能將思考導向消極的方向，妨礙我們創造更多語言詞彙。

舉例來說，下面這些都是禁句。

❶「為什麼我正在做這種事？」

寫不出文章，想不出點子時，如果腦中浮現這個疑問，請告訴自己，這個疑問和「把思考化為語言」一點關係都沒有。

對現在的做法感到不滿時，問自己「為什麼我正在做這種事」，只會把思考導向消極負面的方向，對創造語言詞彙沒有正面作用。

❷「為什麼只有我是〇〇〇？」

這類問題會令自己產生「被害者意識」。一旦產生被害者意識，就會忽略自己原本做得到的部分，鑽牛角尖地將注意力放在周遭的狀況上。

❸「該怎麼做才能〇〇〇？」

舉例來說，「該怎麼做才能說出有自己風格的語言？」這樣的自問乍聽之下很有道理，然而，一旦太過執著於此，很容易讓自己只想追求太高的標準，或只想停滯在太低的層次，陷入不是「好高騖遠」就是「自甘墮落」的狀況。別忘了，原本追求的是「如何將自己的想法傳達給對方」，而不是「如何創造詞藻」，切勿迷失了真正的目標。

❹「為什麼沒有人願意幫我〇〇〇？」

如果把自己想不出好詞彙或寫不出好文章，歸咎於沒有人願意教自己（或是教得不好），就會失去自動自發，積極學習表達技巧的動力了。

⑤「要到什麼時候我才能做到〇〇〇？」

這個問題顯示問的人一心只想追求「結果」，卻忽略了更重要的是過程該如何努力才能達到目標。

【練習】把消極的自問變積極

那麼，該怎麼做才能把上述那些應該避免提出的消極自問，轉變為積極的問題呢？

- 「為什麼我正在做這種事？」→「該怎麼做才能有所進步？」
- 「為什麼只有我是〇〇〇？」→「因為是我所以才〇〇〇。」
- 「該怎麼做才能〇〇〇？」→「想要達成〇〇〇，需要什麼樣的技術？」
- 「為什麼沒有人願意幫我〇〇〇？」→「去問鈴木老師的意見吧，也聽聽田中老師的意見好了！」

● 「要到什麼時候我才能做到〇〇〇?」→「到目前為止已經完成多少了?」

當你在自問自答時發現腦中浮現的是消極的問題，請試著從另一個角度問問看。有時只是修正表現方式上的微小差異，也能讓心情重新振作，積極向前。

19 運用「重新架構」的方式，轉變為能被對方接受的話語

Point

・選擇對方能接受的話語
・配合狀況或想法改變解讀方式
・使用溫暖的詞彙

這是發生在教育心理學課堂上的事。教授對學生提出這樣的問題：「遇到下面的狀況時，各位會怎麼思考？」

- 杯子裡有半杯水
- 十分鐘後交考卷
- 擦身而過的人看起來在微笑

以「杯子裡有半杯水」為例，有些人的回答是「還有一半」，有些人的回答是「只剩下一半」，對吧？

另外，若是配合情境狀況來看，「要吃小顆藥丸」時，只須有半杯水就足夠，但是「在炙熱沙漠中口乾舌燥」時，半杯水則顯得太少。

再舉「擦身而過的人看起來在微笑」的例子，有人會解讀成「那個人對自己有好感」，相反地，也會有人解讀成「那個人一定是在嘲笑我」。

每個人對詞彙的解讀方式都不一樣，在與人交談時，一定要注意遣詞用字才行。

使人心情積極向前的「重新架構」

所謂「重新架構」，指的是拿掉自己解讀或思考事物時的框架，改在別的框架下思考的方法。這也是（在不使用藥物的情形下）藉由溝通嘗試解決心理問題，經常用在家族療法中的一種概念。

我們在日常生活中看待各種人事物時，通常都無法做到「所見即所得」。對於周遭發生的所有事，會「戴上具有某種意義的眼鏡」來看待。

前面也曾舉過類似的例子，即使面對的是相同狀況或事物，看的人不同，得到的感受往往也不一樣。

運用「重新架構」的概念，可以為日常生活中發生的事加上「正面效果」，重整心情，積極向前。這種做法也已實際運用在各種地方。

「重新架構」有以下兩種類型。

❶「內容的重新架構」：改變某種狀況或事物的意義

〔情境：遇到交通事故而心情沮喪的人〕

藉由「大難不死必有後福」、「以後就會記得小心開車了」、「體會到家人朋友的重要性」……等等話語，改變對方的想法。

任何事一定都會有消極的一面和積極的一面，改變事物或狀況的意義，就能從消極的想法轉變為積極。

❷「狀況的重新架構」：反過來利用原本偏頗的想法

〔對象：總是對事情抱持不滿或批判態度的人〕

請他來預測「新事業計畫執行過程中可能發生的失誤」、「顧客對新商品可能表達的不滿」、「論文可能受到的批判」……等等。

狀況改變後，原本消極的「找碴」、「杞人憂天」也能發揮積極正面的效果。

如上所述，運用「重新架構」的技巧，表達方式便能「從消極轉為積極」，使對方更容易接受。

牛津的教授都是「重新架構」高手

我剛到牛津就讀時，對於自己的個性和行動，可以說是完全沒有自信。英語說得既沒有母語者來得完美，學問知識也不夠充足，人生經驗又淺，和班上其他同學比起來，總覺得自己低人一等。

因為對英語能力沒有自信，上課時畏畏縮縮不敢發言，看到這樣的我，教授說：「母語不是英語的學生就算說錯了，我也不會說那是錯誤，只會當作發音不標準。」他還說：「用不標準的英語說的內容，反而讓我更加印象深刻。」我恍然大悟，仔細觀察班上同學，其實大部分都來自英國之外的國家，大家說的英語也和母語者不完全一樣。

教授這番話大大激勵了我，直到現在依然銘記在心。

牛津大學一定是在漫長的學術歷史中繼承了「不傷自尊心，鼓勵對方積極向前」的良好傳統吧。由此可知，**「重新架構」的技巧，在與他人建立良好人際關係時也發揮了正面的作用**。

換句話說，透過重新架構，我們就能把對方的缺點轉換為優點。

● 他不懂得適時放棄　↓　他擁有旺盛的挑戰精神。
● 她太堅持己見　↓　她誠實又坦率。
● 我很不擅長拒絕別人　↓　我很重視人與人之間的關係。

在少子化問題日益嚴重，個人與家族愈來愈孤立的日本社會，人們從小就缺乏與各種人互動的經驗，或許因為如此，日本人很不擅長從不同角度看待他人、表現自己。

重新架構也可以說是一種盡可能使用溫暖的詞彙，指出自己和他人優點的說話技巧。

20 如何組織打動人心的話語

Point

・產生「言靈」
・引起對方興趣、注意
・創造打動人心的言詞

第二次世界大戰中，英國在與納粹德軍的對戰中居於劣勢時，英國首相邱吉爾為了鼓舞全國人民的士氣，說了下面這句名言：

「悲觀主義者在每個機會裡看到困難；樂觀主義者在每個困難裡看到機會。」

邱吉爾這句話，或許真的激起了英國國民不屈不撓的精神，成為他們心中湧現的某種「力量」。事實上，英軍也擊敗了納粹德軍，漂亮地打了一場勝仗。

自古以來，人們相信詞彙或話語中存在「力量」，有時帶給人們勇氣，有時撫慰人心，有時引領人們的行動。這種力量在日本稱為「言靈」，意思是「棲宿於言語中的靈力」，許多古典文學或傳統戲劇表演中都能找到與言靈相關的橋段。

不只日本，其他國家也有類似的概念。英語中有「soul of language」（語言的靈魂）或「power of words」（文字的力量）等等說法。「言靈」就活在說話者與接收者「之間」。

「AIDA」：話語於「人與人之間」誕生

「開心」、「傷心」、「快樂」、「難過」……種種情感化為語言，在「人與人之間」交錯，展開溝通。

溝通無聲無色也無形，但卻確實存在，存在於「人與人之間」。在這個因溝通而生的空間裡，人與人如何表達情感呢？

美國應用心理學家E．K．史壯（E.K. Strong）提出的「AIDA」法則，或許能成為解開這個疑惑的參考。正好「AIDA」讀起來和日語的「間」很像呢。史壯在分析消費者心理時，發現以下四個階段。

①Attention（「注意」：引起對方注意）；
②Interest（「興趣」：對方因某種需求而引起興趣）；
③Desire（「欲求」：若能滿足對方的某種欲求，就能說服對方）；
④Action（「行動」：對方展開行動）。

這四個階段說明了人們在看到廣告時，從被廣告宣傳句打動，到實際購買商品之間的心理變化。

舉例來說，住家附近新開了一間英國餐廳。顧客首先會**「注意」**到，「這裡新開了一間店」。接著，在經過店門口幾次後，被招牌或店內情形吸引而引起**「興趣」**。不久之後，顧客心中又產生「想吃一次看看」的**「欲求」**，最後便展開「好，不如今天就去吃吧」的**「行動」**。

和餐廳一樣，販賣商品或提供服務的一方，只要運用這四個心理階段，就能達到

「引起消費者注意，使其展開行動」的廣告宣傳效果。

如何創造打動人心的言詞

更進一步來說，**AIDA的四個階段，又可以劃分為三個區塊，分別是Attention的「認知階段」、Interest與Desire的「情感階段」與Action的「行動階段」。**

我認為，以AIDA四階段劃分成的三個區塊，正好可以應用在「將自己的想法化為言語」的過程中。

接下來就帶大家實際看看使用AIDA的三個區塊促進對方認知，並導向最後行動的順序吧。以下說明的設定為，當說話者期待與對方對話，並希望聊得愈久愈好時，該如何組織對話與選擇詞彙。

STEP 1 認知階段 確定「自己與對方之間關係」時的詞彙

首先，為了讓對方認知自己的存在，需要令人印象深刻的詞彙。同時，也需要明確意識到對方存在的詞彙。

一般來說，下面三種言詞最能引起別人的注意和興趣。

- **對方的名字：**直接以「〇〇先生／小姐」叫出對方的名字，對方自然而然就會聽你說話。
- **寒暄：**「早安」、「午安」、「謝謝」……打招呼是開始對話的基本禮儀。
- **關心的話：**「最近好嗎」、「好久不見」、「有時間聊聊嗎」等等。

因為太過理所當然，平常我們或許沒有特別注意，事實上，出乎意外地，我們在稱呼別人時多半都以「部長」、「老師」、「喂」取代，反而很少直接喊對方的名字。

然而，**在牛津大學，教授叫學生時，一定會叫對方的名字（first name）**。此外，有些學生為了讓教授對自己留下印象，也會刻意在交談中強調自己的名字。

【例】：「菲力普老師，午安。今天心情如何？保羅我最近很認真研讀社會學的講義喔。」（保羅即為說話者本身）

STEP 2—情感階段 縮短「自己與對方之間距離」時的詞彙

接著，就要將話題轉移到對方有興趣的事情上。在這個階段，請盡可能避免提起太沉重的話題。再怎麼說都必須是雙方交談起來愉快的內容。

- **興趣：**對方的興趣，或是可能引起對方興趣的自己的興趣。
- **最近身邊發生的事或消息：**可能令對方印象深刻的消息或情報等等。最好是近期內發生的事（新聞事件等等），愈新鮮的話題愈容易延續下去。
- **贊同對方的話：**在對話中，不時肯定或贊同對方說的話。「是啊，對耶」、「我有同感」、「太棒了」、「再多告訴我一點」等等，在回應時，使用表現出對對方說的話感興趣的言詞。

牛津人最常在對話開始時談論英國的天氣，或許是想藉此確認彼此在嚴苛的氣候中是否仍努力向學吧。

STEP 3—情感階段 「自己與對方之間」共享的詞彙

如果對方希望自己聽某些事，那就要認真專注地聽。此外，還要努力讀取對方話中是否「有所需求」。

- **對方想聊的話題**：比方說，戀愛、將來的希望、夢想等等。
- **表示自己與對方有所共鳴的詞彙**：「我懂！」、「你一定很難受吧」、「我也有過同樣的經驗」……等，表現出「理解對方心情」的態度。
- **適時答腔**：只要適時加上「嗯」、「對」、「是」等答腔，剩下的就是專心聆聽對方傾訴，也能令對方打開心房。

STEP4 行動階段 促進「自己與對方之間」行動的詞彙

與對方的談話逐漸深入後，最後階段就是把話題推向促進對方行動，或是自己也一起行動的方向。這最後的一把勁也稱為「Closing」，在對方猶豫時從背後推他一把的一句話。

● **原因：**指出「為什麼」非採取這種行動不可，為什麼「現在馬上」必須這麼做……等等。

● **約定：**取得對方承諾，明確約定下次指導、聚餐或約會的時間地點。

在牛津大學讀書或做研究時，遇到瓶頸、停滯不前是常有的事。這種時候，指導教授或身旁友人無心的一句話，往往能成為支撐心靈的力量。

Go for it！「加油！」

Keep up the good work!「保持這個步調！」

Better luck next time.「下次一定會更好。」

現在，我每天都會提醒自己記得不著痕跡地給學生們一句鼓勵的話。

Chapter 4

Essence

牛津人重視什麼

- 牛津人的信念除了「文」＋「武」之外，還包括了一個「遊」。
- 將腦中的想法化為文字語言，脫口而出。
- 養成「自問自答」的習慣。
- 在運用「5W1H」自問自答時，「Why」（為何）的後面一定要有「Because」（因為）。
- 「重新架構」的技巧也能用來構築良好的人際關係。
- 牛津大學的教授在叫學生時，一定用名字稱呼對方。

Chapter

5

牛津式「表達技術」打動對方的表達方式

For attractive lips, speak words of kindness.
For lovely eyes, seek out the good in people.

想要有迷人的嘴唇，請說出溫和的話語。
想要有動人的眼睛，請看到別人美好的一面。

（奧黛莉．赫本／英國女星）

21 貼近對方內心的言行舉止，就能打動對方

本書至此已介紹了「用自己的頭腦思考、表達」必須先做的「準備」、「思考的技術」以及「創造獨家話語的技術」。

經過前面一連串的過程，接下來的這一章，終於要進入「將自身想法或意見傳達給別人時」必備的技術。

表達的四大前提

將自己的想法完整傳達給對方，有四個堪稱基本條件的前提。每一次都百分之百正確地將自己的想法或意見傳達給別人，並不是一件容易的事，有時甚至是說話者本人在不知不覺中提高了自己「表達技術」的門檻。

無論多麼難以表達的事，只要事先確認以下四大前提，就能打好正確傳達的基礎。

- **連自己也不十分明白的事，很難說得清楚。**
- **想有效率地傳達，就必須慎選遣詞用字。**
- **不使用複雜艱澀的詞彙，盡可能簡單明瞭地表達。**
- **傳達之後，再次確認對方是否已正確理解。**

前面也反覆提過許多次，本書介紹的「用自己的頭腦獨立思考」，最終目的還是為了要「傳達」給對方。

一般人常常認為自己「已經思考過」、「已經表達過」了，意外地很多人都沒有發現這一點。

唯有透過與人對話，我們才終於明白自己究竟理解了什麼，或是尚未理解什麼。有了這份認知之後，也才知道下次該向對方傳達什麼。

牛津人最討厭「再一下」、「就快了」

從「一對一指導課程」到大大大小的課堂，牛津人可說不斷接受著嚴格的問答訓練，在日常生活中鍛鍊出「表達的技術」。若是硬要別人接受自己的想法或意見，馬上就會栽跟斗，甚至可能陷入難以解決的窘境。

這**造就了牛津人不只在學業上，即使在日常生活中也自然養成並實踐「將自己的想法順利傳達給對方的習慣」**。

這種習慣不難養成，只要用點心，誰都可以在日常生活中養成。

當指導教授問「上次指定閱讀的書，什麼時候可以讀完」時，牛津大學的學生絕不會回答「再一下就讀完了」。我們一定會回答出像「再一天一定可以讀完」等明確表達具體時間、天數、數量的答案。

「再一下」、「就快了」的回應方式確實有其方便之處。可是，聽在不同人耳中，或許有人會解讀為「再五分鐘」、「再十分鐘」，一定也會有人解讀為「再三十分鐘」甚至「再一天」、「再兩天」。

因為這種模稜兩可的表達而導致對時間理解的誤差，不但會影響對方的工作或學業進度，說話者本人的評價也會變差。

向對方傳遞「我有好好關心你」的訊息

在日常對話中，讓對方擁有好心情的方法之一，就是**「仔細觀察對方，察覺對方的變化」**。牛津大學的老師大多擁有這門特技。比方說，他們會從見面時學生的表情、站姿、動作、說話的音量和語調、關門的方式等等，讀出學生當天的「心理狀態」。一旦察覺對方的變化，就會溫柔地問一聲「是不是太累了？」、「發生什麼好事了嗎？」等等。

每個人都希望「被別人關心」。察覺對方些微的變化並以此為話題，不但能讓對方開心，也能讓自己的表達更圓滑，令彼此的溝通更順暢。

此外，在傳達自己的想法或意見時，最重要的就是**交談結束之後，無論說話者還是聽話者都「慶幸彼此說了這番話」**。

如果只有說話者單方面傳達了自己的想法，即使自己心滿意足，如果聽的人沒有同樣的感覺，即使說的人認為自己已經把話說完了，聽的人也可能很快就忘記。

在這一點上，牛津人也可說是「聆聽高手」。在一段對話中，「傳達」與「聆聽」的關係並不是「對稱」的，而是「連續」的。**牛津人想表達什麼時，往往會「先觀察對方的表現」，換句話說，會先好好聽過對方想說的話或意見，再找一個恰當的時機，把自己想說的話順利傳達給對方。**假設整體對話是十，牛津人的「聽：說」比例大概會是「七：三」吧。

不是一心想著「自己要傳達什麼什麼」，而是必須培養「聽對方說話的技術」，讓對方產生「想再和這個人多說一點」的念頭。

「發自內心說的話」等於「對方期待的言行舉止」

想擁有良好的溝通，用體貼的話語和對方說話也是很重要的事。不過，如果不是「發自內心」的體貼，看在別人眼中也只不過是個表面親切的人罷了。

以下要舉的例子，發生在我順利交出博士論文，學校也已受理時。無事一身輕的我，為了歸還一本借來的書，意氣風發地走向學院附設的圖書館。這時，我看到論文還沒寫完，正在拚命用功的同班同學伊安。我一如往常地跟他打招呼：

「伊安，正在寫論文嗎？」

「是啊，可是完全沒進展，真傷腦筋……」

「辛苦你了，加油啊！Take care（保重身體）！」

說完這番話，我正打算離去時，瞬間瞥見伊安臉上閃過一絲不開心的表情。

看了上面那段對話，大家有什麼感覺？即使我自以為是發自內心的關懷，卻在丟下一句「take care」後轉身就走，對於被我搭訕的伊安來說，一定會有種「什麼？就這樣？」的感覺吧。

真正發自內心說的話，最好是**伴隨著「行動」的「話語」**。延續剛才的例子，當時我或許可以介紹幾本教育學文獻給伊安，或是分享一些對我寫論文有幫助的資訊。如果伊安需要，我甚至可以陪他去喝杯茶。這麼做，他才能感受到我發自內心的關心。

練習這種「表達方式」時的訣竅是：一邊整理自己想說的話，一邊配合對方的反應，改變自己說明的方式。

本章將透過各種理論和具體案例，簡單明瞭地說明可應用在日常會話、商業提案、辯論等各種場合的「牛津式表達方式」。

22 區分時段，引起聽者的興趣

Point

・知道人的專注力有其限度
・傳遞訊息的九個重點
・「三點原則」

在牛津，學院表演廳和城裡的劇院幾乎每天都舉行著交響樂演奏會、戲劇表演、舞蹈表演等各種藝文活動。另外，只要前往倫敦，也能享受當地的音樂劇。

演唱會或舞台劇的表演時間視當天公演內容而定，短至一個半小時，長的也可能超過三個半小時。一場超過兩小時的演奏會，一定會在表演途中設定十五分鐘左右的休息時間。

人類的專注力有其限度

在我就讀的牛津大學教育學研究所，攻讀博士課程的學生，第一年有一堂名為「教育方法論」的必修課。

有一天，我們的上課主題是「人類的專注力」。從醫學的觀點考察，可知人類的專注力通常只有四十到五十分鐘。此外，專注力也會有起伏變化，通常以十五分鐘為一個起伏週期。換句話說，每「十五分鐘」專注力就會中斷一次。

不過，在不同狀況下，持續專注的時間長短也不盡相同，無法一概而論。下面的例子中，（）內表示的是能夠持續專注的平均時間（如果是運動項目則表示體力的持久度）。

- 聽一次新聞播報（一分三十秒）
- 足球比賽上半場・下半場（各四十五分鐘）
- 考試時間（六十分鐘）
- 開車（一百二十分鐘）

此外，像是特別需要專注力的同步口譯工作，據說一定要由三人一組，每人輪流上陣十五分鐘。

引起聽者注意的表達技巧

在教育方法論的課堂上，我學到如何設計符合人類專注力的課程。

研究顯示，教師如果在沒有考慮學生專注力的狀況下設計課程，在課堂上不斷自顧自地講課，只會使學生的學習效果低落。

以下參考教育方法論中設計課程的手法，說明如何在表達時引起對方注意。設定的情境是三十分鐘的對話。

首先說明的是說話前必須先做的三個步驟。

STEP1 目的（Purpose） 決定說話的「目的＝目的地」

確定自己表達的目的是主張、要求，還是建議。

對聽者而言，一旦確定交談主旨，就會做好聆聽的心理準備。相反地，在一頭霧水中展開對話，會令聽話的人感到不安。

【例】：「我想考研究所」、「我想加薪」……等等。

STEP2 理解（Understanding）認識說話對象

確定自己說話的目的之後，接著便是認識說話對象，加以理解。對方是上司、部下？還是客戶？是小孩還是學生？請在溝通前站在對方立場思考，盡可能做好事前能做的預測。

STEP3 方法（Approach）選擇配合對方程度的說話方式

為了讓對方理解自己說話的目的，必須選擇最佳表達方式。說明形式、對話形式、提問形式、意見交換形式，或是用圖表及文章表達自己的想法……等等。為了達成表達的目的，配合對方改變表達方式也是很重要的。

【實際開始傳達時的三個步驟 上半場十五分鐘】

STEP 1 傳達主題（Theme：一分鐘）提出目的與所需時間

在一開始說話時就明確提出想傳達的主題。盡可能簡潔明瞭。

「接下來想談談關於〇〇的事。」（例：「我想談談升等的事。」）

此外，在開始表達前先告訴對方預計花多久時間，也能讓對方更專注聆聽。如果想說明得更具體，可以五分鐘為一個單位。

「大概會花五分鐘（或十分鐘、十五分鐘等等）說明。」

STEP 2 整理要點（Abstract：二分鐘）提出明確的重點

整理說話內容的重點。若能先說明重點有幾項，對方會更容易記住。這就是「三點原則」。

前面也提過，我發現牛津人**為了做出清楚明瞭的表達，習慣「用三個觀點來說**

明」。舉例來說，當我們想說明什麼時，經常會先以「關於〇〇〇，我整理為以下三點」做開場白，這也是在牛津大學裡經常聽到的句子。

根據心理學的研究指出，將談話主軸鋪陳為三點是最有利的做法，因為有數據指出，人腦容易記憶的數字只到「三」為止。整理複數事項加以說明的「整體／局部法」應用的就是這個原則。

蘋果電腦創辦人之一，以擅長演說出名的史提夫・賈伯斯（Steve Jobs）在演說時就經常使用先舉出三個重點，再分別延伸說明，展開論述的技法。

因此，擅長表達的人，當所要表達的內容只有兩個重點時，為了不讓聽的人感覺重點太少，甚至會刻意增加一個重點。另一方面，若有四個重點則不容易停留在對方記憶中，所以會事先整合為三個重點。

STEP 3｜說明主題（Subject：十二分鐘）看到說話的終點，就能掌握整體路徑

這是表達時最重要的部分。將想表達的內容按照①結論、②原因、③具體範例的順

序說出。

①「從結論來說，就是○○○。」；②「之所以這麼說，是因為□□□。」；③「具體來說，像△△△就是一個例子。」按照這樣的順序，按部就班說明。

【確認、確定說話內容時的三步驟 下半場十五分鐘】

STEP1－整理重點・休息（Summary & Interval：五分鐘）

大致說明主題之後，可先停頓一下，再做個簡單的總結，重新傳達一次。

「綜合以上所說，就是○○○。」

另外有一點很重要的是，因為對方一直聽你說明也會累，所以在這裡可休息一下，喝個水。

STEP2－確認（Confirmation & Interval：七分鐘）

確認對方是否正確理解你剛才說的內容。在這裡，可以給對方發言的機會，藉此確認對方已經聽懂哪些部分，或哪些部分還不理解。如果對方不擅主動發言，你（說話者）也可以採取發問形式。

「關於剛才說的○○，你有什麼想法？」、「請告訴我你的意見。」

STEP 3 總結與補充（Close & Follow：三分鐘）

確定雙方針對主題做出了什麼共識，無法達成哪些共識，以及需要再思考或繼續討論的事項。在做總結時，順便向對方表達感謝之情，表現感謝的態度，為彼此留下一個好印象。

以上總共九個步驟，隨著表達內容或對方立場的不同，每個步驟所花的時間也可能有所變更。說話者可視情況增加或減少某步驟的時間，加以調節。

人能專注聆聽對方說話的時間出乎意料地短。無論說話者多麼積極表達，如果沒有好好按照順序表達，對方不但無法理解，還可能覺得枯燥乏味。

傳達訊息的九個步驟

▶說話前

▶傳達時（上半場十五分鐘）

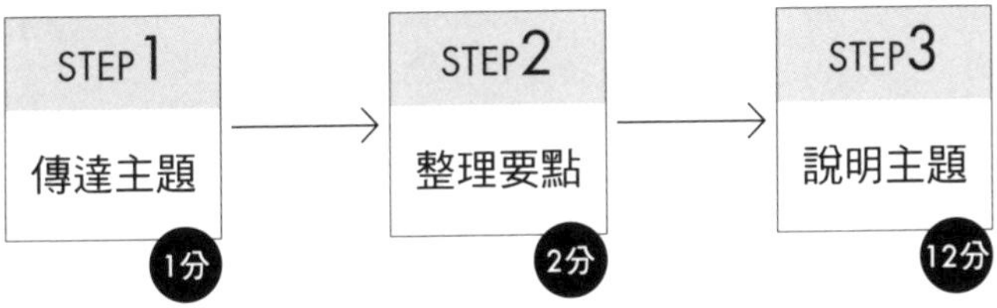

▶確認或確定傳達內容（下半場十五分鐘）

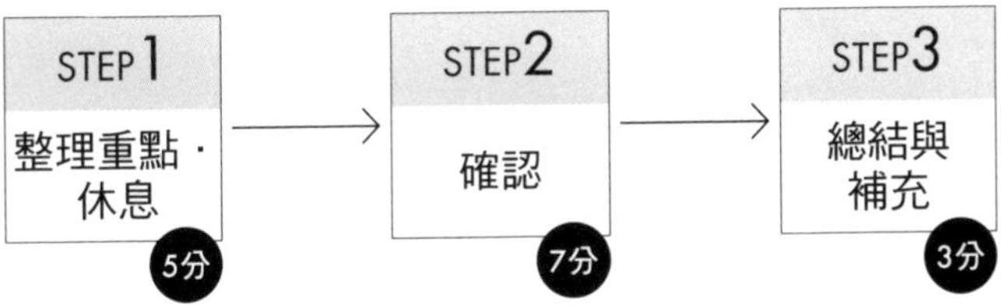

Point 表達時也要考慮到「人類的專注力」。

23 「魅力」就是「身力」，全面活用五感

Point

- 鍛鍊語言以外的溝通能力
- 為對方留下好的印象
- 「五感」並用

以扮演「豆豆先生」聞名的演員羅溫・艾金森也是牛津大學的畢業生。

豆豆先生在喜劇表演中幾乎不說話（不發出聲音說話），而是透過臉部表情、各種動作與肢體語言表情達意。在他獨特的身體動作強調下，逗得觀眾自然而然發噱。

這種溝通方式稱為「非言語型溝通」（以下簡稱NBC），意指用「發出聲音說話」之外的方式表達意思。別名「肢體語言」，在一般對話中具有輔助溝通的作用。

活用「五感」的非言語型溝通

ＮＢＣ有時能代替說話者展現言語無法展現的心情及難以言喻的感受。此外，想要表達拒絕對方或難以啟齒的內容等負面情感時，人們也常下意識地使用ＮＢＣ來代替言語。

在歐美各國，很早就將ＮＢＣ視為學術研究的對象，在溝通學、心理學與行動學等領域累積了不少與ＮＢＣ有關的知識。

各位知道家喻戶曉的電影《００７》主角詹姆士．龐德也畢業於牛津大學嗎？這當然是劇中虛構的設定，不過按照設定，龐德在就讀牛津大學時，專攻的是心理學與法學。在現實生活中，國家等級的領袖會談及高層級的外交會議上，為了有利於談判，與會者確實會從ＮＢＣ的角度進行策略性的研究，找出如何讓對手國家的人產生好感的溝通方式。除了用在政治或商業談判外，最近ＮＢＣ技巧也經常出現在戀愛指南書中。萬人迷龐德之所以深受女性歡迎，或許正是來自ＮＢＣ的效果。

以下我便將為各位介紹這種活用ＮＢＣ表達自己意見主張，有效傳達給對方的方法。

人類擁有五種感官，分別是**「視覺」**、**「聽覺」**、**「嗅覺」**、**「味覺」**、**「觸覺」**。一起來看看活用五感的ＮＢＣ基礎技巧吧。

❶視覺

・眼神接觸：四目交接的時間、閉上眼睛、視線的高低、眨眼等。

據說日本人在與人對話時，平均三到五秒就會轉移視線，逃避四目交接。另外，也有資料顯示，在一段三分鐘的對話中，日本人看對方眼睛的時間只有一分鐘。

在與人交談時習慣看著對方眼睛的文化圈中，轉移視線會造成對方以為你「對正在說的話題沒興趣」、「現在心裡正在想別的事」而感覺不愉快。

如果說話者認為對話中的視線交流很重要，聽者也應該配合這麼做。

●表情：展現喜怒哀樂的情感。

日本人常被形容為「面無表情」。隨著交談內容展現「歡笑」、「憂傷」、「共鳴」、「苦惱」等豐富表情變化，比起光用言語傳達，效果更上一層樓。

❷「聽覺」

●聆聽時的態度：沉默、靜止、點頭、溫暖的視線、和緩的呼吸……等。

對話中，讀取對方聲音微妙的變化，停頓的方式等等，全面運作五感，用身體向對方傳遞「我正在聽你說話」的訊息。

比方說，配合對方說話的內容用力點頭，以態度、視線和姿勢展現「我也有同感」或「我為你感到悲傷」。這些都稱為「傾聽」，是輔導諮商時用來表達共鳴，「讓對方敞開心胸」的動作。

本書也曾提過幾次，在牛津大學的一對一指導課程上，我發現指導教授除了會給學生許多建議之外，也經常用心傾聽學生說的話。無論學生對教授的反駁感到多麼困惑，甚至好一陣子說不出話來，指導教授也完全不會開口，只是靜靜地面對學生，耐心等候學生說出自己的意見。

從科學觀點看來，牛津大學教授們之所以能維持這樣的態度，其實是一種高度能力的展現。**「聆聽」的行為，能刺激人類的大腦，活化思考。**此外也有資料顯示，專注聆聽時耗費的能量是說話時的三到十倍。

由此可知，牛津大學的教授們傾聽學生的發言，藉此提高自己的專注力，再更進一步投入對學生的學術指導，形成一個良性循環。

還有一點，**牛津大學的教授在傾聽學生們說話時，幾乎不「答腔」**。這是因為，頻繁地答腔會造成「催促對方說話」的感覺。

那麼他們會怎麼做呢？比方說，投以溫暖的視線，保持和緩平靜的呼吸，深深點頭……等等，即使不答腔，說話者也不會因此掃興或認為不受關心。

❸「嗅覺」

- **氣味：體臭、口臭、上了年紀的味道、家庭氣味……等。**

與人交談時，如果因為氣味而令對方產生不快，那就沒什麼好說了。汗臭味、上了年紀後身體散發的味道、吃了重口味的食物而散發的味道，都需要特別注意避免。

經常與學生接觸的我，也有自己的一套「氣味對策」。除了避免身體散發不良氣味之外，個人持有的物品和研究室內都會提醒自己保持清潔，打造一個不讓對方感覺不舒服的環境。

使用香水、在衣服上噴除臭劑、注意避免口臭等，都是與人說話時的基本禮儀。最近甚至有廠商開發出服用之後就能改善體臭的口服錠。

舉我的例子來說，出國公差時，我習慣選購各式體香劑或芳療用品做紀念品。正式場合、職場、休閒時、運動時……配合不同場合使用不同體香劑，也能達到適度轉換心情的效果。此外，擁有一款只有專賣店等地方才買得到的香水，還能打造出「獨一無二的」個人風格。

❹味覺

● 飲食：用餐、喝酒、家人團聚、交談時。

日本有「同享一鍋飯」的諺語，在與對方一起用餐時溝通，似乎更容易理解彼此的心情。英語中的「conviviality」也有同樣的涵義。

帶對方去自己常上的館子、用親手做的料理招待對方、配合對方的飲食習慣準備食物，或請對方吃自己的拿手好菜，像這樣營造交談氣氛也很重要。

狩獵是英國傳統文化之一。狩獵內容包括野鴨、雉雞等野鳥和野兔、鹿等獸類，再使用獵物的肉做出稱為「game」（野味）的料理。為了渡過嚴寒漫長的冬天，食用富含脂肪的肉類，說來也很符合邏輯。

我到牛津大學留學的第一個冬天，和妻子一起接受所屬學院的招待，出席了一場正式晚宴。

原本對晚宴菜色非常期待的我們，看到端上桌的主菜「鹿肉排」時，內心不由得產生些許猶豫。然而，一口吃下去，鹿肉獨特的風味又瞬間擄獲我們的胃和心。

一年一度的晚宴料理，對留學生來說雖是稀奇少見的體驗，對英國學生來說卻是「一年一度的期待」。「同桌共享佳餚」的情境，令平淡無奇的對話也有趣生動起來，大大縮短了參與者的心理距離，這是我在那次的晚宴中獲得的體驗。

❺「觸覺」

● **以肢體溝通：比手畫腳、動作、擁抱、擊掌、牽手……等。**

英語中的「Touching」指的是交談時適度的肢體接觸。其中尤以生長在拉丁語系文化下的人們最常展現這樣的接觸，比方說，在說話時輕拍對方的肩膀等等。

寒暄時的肢體語言「握手」，對日本人來說也不容易，不是「握力太輕」，就是「不敢看對方的眼睛」，往往因此給人留下不好的印象。

表示「和平」與「OK」的手勢，已經算是世界共通的肢體語言。可是，同樣的手勢拿到某些國家或文化脈絡下，可能呈現完全不同的意思，有時甚至令對方感到不愉快。舉例來說，「OK」手勢在巴西就帶有侮辱女性的意思。哪些手勢或肢體語言在對方的國家是「禁忌」，最好事先調查清楚。

從我在牛津就讀的時代至今，和英國朋友間便經常使用某些肢體語言。其中最常用的就是cheerio和touchwood。

「cheerio」一般用在乾杯或道別時，以交錯無名指和中指的手勢表達「恭喜恭喜」、「願你有個美好的一天」、「祝你幸運」等意思。

在我博士論文最終口試的那一天，結束一對一指導課程，正要離開教授研究室時，我的指導教授便對我做了一個cheerio的手勢。他的意思是「祝你幸運！」

「touchwood」用在脫口說出自豪自誇的話，或是玩笑開過頭時，意思是迴避天譴。說這個字的時候，要同時用手觸摸木桌之類的木製品。在英國，這也具有避免災厄降臨的咒語功能。

我在牛津大學的同班同學羅伯特，常常在工作進行得異常順利，或是自己獲得周遭好評時，用手敲敲桌子，同時說聲「touchwood!」

總結以上所述，請記住這個公式吧：「言語溝通」＋「活用五感的ＮＢＣ」＝提高表達能力。

24 令簡報比原本出色十倍的呈現方法

Point
・簡報時的禁忌
・不使用對方無法理解的詞彙
・遵守5W1H的原則

隨著電腦與投影片簡報軟體（PowerPoint）的普及，我們愈來愈常需要發表簡報。有時是企業中與新商品開發有關的重要提案說明會，有時是學校裡學生分組調查後上台發表報告。簡報有各種不同的目的與形式。不久的將來，日本的大學入學測驗大幅改革之後，「簡報力」肯定將成為評價的重點。

簡報的四大重點

在我的日常生活中，從上課到國際學會上的發表都需要使用簡報，簡報對我而言就像家常便飯。

還在牛津大學攻讀博士學位時，經常遇到必須在班上發表報告的機會。每次發表前，我會仔細斟酌內容直到上台前的最後一刻，無論PPT的畫面、顏色還是設計，甚至加入動態視覺效果等等，努力想做出最嶄新且運用高度技術的簡報。

然而，結束發表後徵詢班上同學感想時，得到的卻都只是不置可否的回答。明明我對簡報的內容和技術都有「精煉再精煉」的自信，同學的回答卻與我的期待不符，令我大失所望。

就在那時，我找了平常要好的朋友之一，向他請教我的發表方式是否有什麼問題。他給了我直接而中肯的回應，聽了之後我不禁愕然，當時的心情到現在仍記得非常清楚。

以下，我想請大家一起來思考箇中原因。

❶遵守5W1H的原則，從結論開始說起

英語教育學者卡普蘭（Kaplan）曾針對以英語為母語者與非母語者，在書寫文章或展開議論時的差異做出比較。

以英語為母語的歐美人士屬於「直線型」，猶太人與阿拉伯人等閃米語系屬於「平行線型」，東洋人屬於「漩渦型」等等……總共分成五種類型。

日本人在鋪陳議論時屬於「漩渦型」，因此對歐美諸國人而言，會覺得話題「一直在繞圈圈」，結果便搞不清楚說話者到底想表達什麼。

簡報的基礎說來理所當然，只要**遵守「5W1H」的原則，並從「結論」開始說起即可**。

在第四章十八節也曾提到的「5W1H」，也就是who（誰）、what（什麼）、when（何時）、where（何地）、why（為何）與how（如何）。在用英語簡報發表計畫或想正確表達內容時，也可以使用5W1H的技法。

牛津大學的學生在討論研究內容或發表報告時，擅長運用5W1H構成簡報內容，而**在提出議論時，最重要的就是先把最想表達的「結論」清楚地說出來。**

卡普蘭的「母語思惟模式」

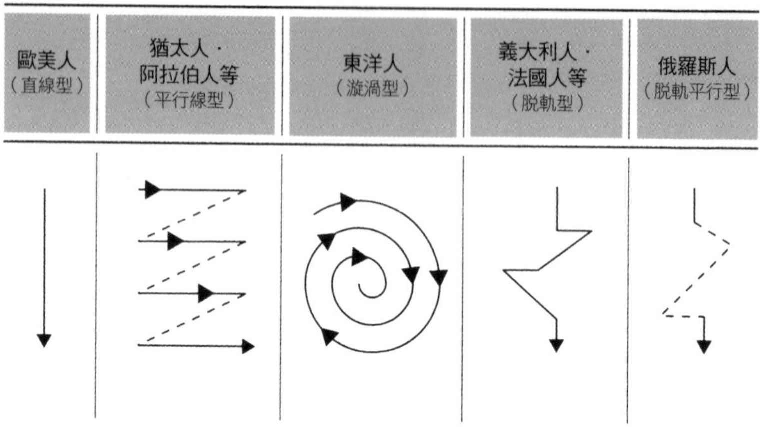

在東洋人身上常見「繞圈圈」的議論鋪陳方式，並不適合用在歐美國家的簡報上。

❷在簡報時加入動作

我在歐美人士的簡報中發現了一件事，那就是，他們總會加入不少肢體動作。以下是三種基本動作，提供給各位參考。

- **移動**：走到左側，走到右側，前後走動等等，在講台上適度的移動，能產生一種魄力，給予聽眾緊張感。
- **表情**：喜怒哀樂是最基本的。配合說話內容換上不同表情，明確傳達講者當下的心境，聽眾也就更容易投入其中。

- **象徵與提示：**用點頭或搖頭的動作象徵「肯定與否定」，用握拳的動作象徵「強調」，張開雙手提示「大小、長短」，伸出三根手指提示數量等等，都是增進表達能力的輔助動作。

反觀我在上台報告時，幾乎只是對著準備好的稿紙「照本宣科」。如此一來，即使有再優秀的ＰＴＴ內容，對聽眾來說還是索然無味，成為一次無趣的發表。

❸降低聽眾興趣的習慣動作

在簡報時，如果以下動作出現得太頻繁，有時可能帶給聽眾不舒服的感覺，一定要小心。

- **頻頻觸摸頭、鼻子、耳朵等身體部位。**
- **撥頭髮（尤其是女性）。**
- **轉筆或撥弄雷射筆。**
- **抖腳。**

● **咳嗽、吸鼻子。**

每個人或多或少都有些習慣動作，這是無可避免的事。然而，一旦因為動作太頻繁而造成聽眾聽取簡報時的「阻礙」，聽眾就會無法專注在簡報上了。我也曾被指出在簡報時有一直下意識「摸鼻頭」的毛病。

❹那不是「錯誤的英語」，只是「不一樣的口音」

最後，對非英語母語者而言，在用英語做簡報時，總不免擔心自己的發音、語調和文法。其實，即使有些錯誤或語調不正確，英語母語者還是完全能夠聽懂。**只要把非英語母語者的「錯誤」視為「只是口音不同」就好了。**

如果把心思都放在追求超乎必要的正確英語，反而忽略本章提及的重點，到最後還是只能做出不及格的簡報。

25 從牛津式辯論術中培養說服力

Point

· 從意見衝突中加深理解
· 學會堅持己見的方法
· 培養面對質疑仍不動如山的心理素質

牛津大學有不少學生加入一個叫做「Oxford Union」（OU）的辯論社團。OU創立於十九世紀初期，既是個辯論社團，也培育出包括威廉・格萊斯頓（William Gladstone）、哈羅德・麥米倫（Harold Macmillan）及愛德華・希思（Edward Heath）等歷代首相在內的出色政治人物。我也曾去過OU主廳好幾次。擁有傲人傳統與制度的OU主廳中，椅子分成兩邊，以面對面方式擺放，社團裡的學生成員就事先準備的主題分成「贊成」與「反對」兩方，展開白熱化的辯論。

不擅長辯論的日本人

儘管形式可能有些許不同，基本上一般的辯論進行方式，都是針對一個主題的「是與非」，將個人或團隊分成「贊成」（正方）與「反對」（反方）的兩方，在規定時間內按照順序發表說服聽眾的辯論內容。辯論結束後，再由評審（裁判）或聽眾評價正反雙方的說服力，決定勝負。

「討論」是透過與他人的協商，以取得共識為目的。相對地，「辯論」的意義則放在與對手鬥智，取得勝利。在辯論時只能選擇站在「贊成」或「反對」的任一方，不能有「中間立場」。

以牛津為首，世界頂尖大學多半設有這樣的辯論社團，自然而然成為肩負各國未來之政治家或商業人士的訓練場所。

日本人自幼接受「以和為貴」的教誨，因此，正面批判對方意見及堅持己見的行為，在日本往往不被視為美德。日本人這種重視「和諧」的精神，在世界上當然也有受到好評的時候，但是一遇到辯論的場合，可就會形成扣分點了。

直到留學歐美之前，我幾乎沒有與人辯論的經驗，最初接觸到辯論時，也不知所措了好一段時間。

那是我剛到美國留學時的事，我和同學在課堂上實際分成小組辯論。課程規定我們選擇實際發生的社會問題為辯論主題，我參與的小組選擇的主題是「安樂死」。

在正反雙方各自表述主張後，每組各派一人上前代表發言，並指定對方的其中一人，以交互發問的形式展開激烈的辯論。

終於輪到我上台發言，站在發問方的同學毫不留情地攻擊我們小組立論上的不足之處。我拚命想應對，卻陷入「我說東對方就說西」的狀態。終於可以從發言台上下來時，那種精疲力盡的感覺，直到二十多年後的現在依然鮮明清晰。那時，我因為對被一路壓著打的防戰心有不甘，徹底研讀了不少關於辯論的研究。

後來到了牛津大學留學，更是經常有在課堂上展開辯論的機會。伴隨著次數的增加，也獲得擁有精湛辯論技巧的朋友指點，我漸漸知道辯論有其訣竅，也在反覆練習中學會如何辯論。到最後，我甚至開始期待起與人辯論。

接下來，我將向各位介紹自身的辯論經驗以及關於辯論的基礎技術。請務必參考。

牛津人的辯論術：以「說故事的方式」展開「說明」

據說辯論起源於古希臘的辯論術。歐美人為何喜歡辯論，答案也藏在這當中。主要可以舉出以下三個原因：

①可提高議論層級：在不斷對話辯論中，達到更高層級。

②可加深彼此理解：透過辯論理解對方立場的知識與想法。

③可培養主張能力：學會貫徹自我主張的技巧。

接下來我會將焦點集中在第③點，從眾多辯論技法中抽出牛津式的「辯論常勝法」，介紹給大家。

即使使用複雜難懂的詞彙與表現方式，或是大量使用專業術語，也無法說服辯方隊友及最終判定勝負的評審與觀眾。必須把自己的主張說成一個簡單明瞭的「故事」，配合具體實例加以說明，才更容易讓聽者明白。

在這裡我要介紹的是ＳＤＳ法與ＰＲＥＰ法。

SDS法

適用於有來自各族群的聽眾，論述時間也充裕時，對重視故事性的場合來說，是一種有效的方法。

起初是**概要（Summary）**，接著是**詳細說明（Details）**，最後是**總結（Summary）**。

【具體範例】

Summary「與其熬夜用功，不如早起準備，更能提高考試成績。」

Details「過了晚上十二點，再怎麼堅持也會漸漸覺得睏，注意力無法集中。隔天也會因為睡眠不足而使腦袋變得不靈光。」

Summary「承上，與其熬夜用功，不如早起準備，更能提高考試的成績。」

PREP法

適用於面對較專業的聽眾，論述時間較不充裕時，對想儘快得出結論的場合來說，是一種有效的方法。

起初是**結論（Point），接著是說明原因（Reason），再舉出具體實例（Example），最後稍微改變說詞再做一次結論（Point）。**

【具體範例】

Point「這部電腦能帶給你更多時間。」

Reason「因為這部電腦內建嶄新的自動翻譯裝置。」

Example「在電腦自動翻譯時，你就能用這段時間吃飯、看電影或做任何喜歡的事。」

Point「由此可知，這部電腦能讓你擁有更多自由運用的時間。」

有些時候，也可以先用ＰＲＥＰ法展開辯論，等到炒熱氣氛了，再轉用ＳＤＳ法加入故事性。最常見的就是在ＰＲＥＰ法舉出實例時加入ＳＤＳ法。

分清楚「事實」與「意見」

討論進入白熱化的階段後，往往因為感情的激昂而忍不住想加入自己真實的意見。

可是，即使舉出自己母國的獨特價值觀或常識、個人經驗等，也會因為沒有充分的依據而遭對方辯友駁回。以下A與B之間的對話就是這種例子常見的模式。

A：「這種食物含有豐富維他命C，可有效促進大腦活動。」

B：「所謂的豐富是多少？你個人的意見無法說服我，請舉出確實的依據。」

A：「這是解決霸凌問題最好的方法。」

B：「所謂的『最好』是如何比較出來的？請提出比較資料或數據。」

此外，以「如果……」為開頭的發言，在辯論的世界裡只會被認定為「假設」而遭到駁回。一旦說了「如果……」，對方會立刻反駁「那種假設性的問題我們無法回答」。這是因為，在辯論中允許假設性發言，議論將會沒完沒了。

反過來說，只要是有客觀資料或統計數據支持的「事實」，就沒有人能反駁了。僅就「事實」展開嚴謹的議論，是辯論時最重要的事。

再者，為了讓自己的主張更有說服力，必須使用「立論三角形」，敘述①**更明確的**

立論三角形

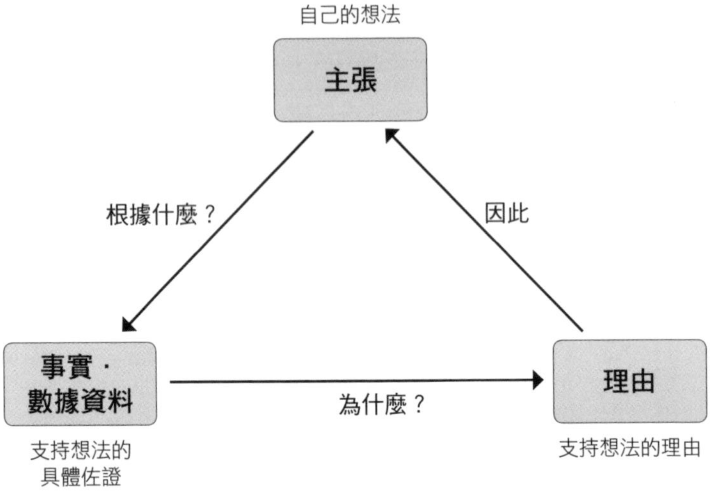

主張、②事實與數據資料、③支持理論的理由。

老實承認錯誤

在辯論過程中，有時也會察覺自己的主張出現了矛盾。這種時候，老實承認錯誤才是聰明的做法。要注意的是避免道歉太多次，否則有可能被視為承認自己失敗。

「我方只承認剛才○○○部分的錯誤。不過，我們堅持□□□仍是正確的，這點沒有改變。」用這種說法「脫身」，並要求對方提出對「□□□」部分的反駁。

絕對不能因為居於下風就惱羞成怒，轉而攻擊對方的人格或外表等與辯論主題無關的事。這種行為甚至有導致辯論中止的風險。

除此之外，以下幾點在辯論中也很重要。

- 避免過於極端的表現方式（例：「絕對○○○」，「斷言□□□」）。
- 感情不流於衝動（在辯論中激動得哭起來）。
- 只提出主張（不會被對手引開話題）。
- 樂在議論之中。

對在日本出生長大、接受教育的人來說，剛開始接觸辯論時，或許都會感到不知所措。最重要的是理解辯論真正的意義，遵守辯論時的「規則」，用參加運動競技的態度投入其中。如此一來，隨著辯論次數的增加，一定能學會本節中介紹的種種技法。

結束辯論後，也不要一直沉浸在議題和輸贏之中，抱著英雄惜英雄的心情認同對方，就會湧現期待下次辯論機會的心情了。

Chapter 5

Essence

牛津人重視什麼

- 不說「再一下」、「就快了」等詞語。
- 觀察對方，察覺對方的變化，在交談時提起。
- 牛津人說話時，會先看對方「如何出招」。
- 為了表達得更簡單明瞭，堅持「三個觀點」。
- 將五感全面活用在表達上。
- 遵守「5W1H」原則，先從「結論」說起。

Chapter

6

牛津式「反饋技術」從反饋中打破障礙

Watch your thoughts, for they become words.
Watch your words, for they become actions.
Watch your actions, for they become habits.
Watch your habits, for they become character.
Watch your character, for it becomes your destiny.

注意你的思想，它們會變為言語。
注意你的言語，它們會變為行動。
注意你的行動，它們會變為習慣。
注意你的習慣，它們會變為性格。
注意你的性格，它會變為你的命運。

（柴契爾夫人／前英國首相）

26 反饋內容將成為朝下個目標前進的動力

結束約四年在牛津大學的博士課程，回國的日子也一天一天接近。當時我住的地方，有個只有一坪大的小書房，裡面的書架上擺滿了這段日子收集的文獻、論文和資料。我將它們一一整理，不禁佩服起自己「竟然能讀了這麼多東西」。

於此同時，內心也湧現種種不安。在往後漫長的學者人生中，我能學會多少知識，又是否能習得將這些知識傳授他人的技術呢？

牛津人很重視反饋

牛津的學生完成論文，確定可以畢業後，按照規定必須在眾多指導教授與同學面前公開發表自己的研究主題。由於發表對外公開，一般人也可以參加，每個人都有兩個小時的發表時間，之後也有一段充分的問答時間。

發表結束後，首先會受到在場聽眾就研究內容與意義等學術觀點提出毫不留情的嚴厲批評。此外，也有各種針對研究生活的疑問。

會有人問「你認為自己最辛苦的地方是什麼？」、「你如何克服那樣的困境？」、「回頭看看，覺得換個做法會更好的地方是？」……等關於實際經驗的問題。此外，也有人會問「你是否在研究中有所成長？」、「研究對你今後的人生會有什麼影響？」等帶有「哲學」味道的問題。回答問題時，還能看到前來旁聽的學弟妹努力抄筆記的身影。

牛津大學的學生每達成一個目標，**除了回顧這一路的研究內容外，還會反省整體學生生活，重新檢視自己從中獲得什麼，並找出能夠傳承給後進的地方。**經過一番這樣的過程，才能稱得上真正獲得認可的「畢業」。

我們稱這過程為「反饋」，不但是當事人朝下一個目標邁進時的養分，對其他人來說也能成為今後很好的參考與建議。

複習並為下一步做準備

「反饋」本是再生醫學（組織工程學）的專有名詞。一般個人或團體使用時，則有回顧、反省過去行動及狀況，為達成下一個目標做出改善的意思。

具體來說，反饋能達到以下效果。

①學會面臨困難問題時掌握狀況與解決狀況的能力；
②活用自己個性、行動模式上的優點，培養對人溝通能力；
③鍛鍊察覺壓力的能力與抗壓力；
④認識團隊合作的重要性；
⑤脫離單一模式的做法（突破、進步）。

在達成本書目的「用自己的頭腦獨立思考、表達」的過程中，反饋是不可或缺的構成要素。

舉與前一章相關的例子來說，將自己的想法傳達給對方後的反饋，就是回顧整個表達過程，找出自己從實際對話中察覺什麼，對方給了什麼意見。更進一步加深思考，複習過程中表達溝通的方式，做為下一次的參考。

因此，很重要的一點是，謹記上述五個重點，隨時重新檢視「用自己的頭腦思考、表達的技術」並加以發展。

本章將針對其方法做簡單明瞭的解說。

反饋分析法讓成果看得見

一般來說，反饋都可按照以下基本架構與步驟進行。

〔基本架構〕

①設定目標；

②執行；

③比較實際成果與目標；

④確定已達成什麼（自己的強項），未完成什麼（自己的弱點）；

⑤應用反饋結果，設立新目標。

〔具體方法與步驟〕

①每一年或半年寫下一次「現在正在做的事」（工作或學習）或「想開始做的事」；

②在每個項目下具體寫出「期待的成果、目標、結果」等；

③將寫好的紙放在經常看得見的地方保存；

④半年或一年後取出，比較「期待的成果、目標、結果」與「實際成果」有何落差，確認效果。

左圖是極力簡化後的清單。實際書寫時請按照每星期、每個月的步調詳細設定達成目標前的進度表。如此一來，就能清楚看出具體達成目標的過程。

按照時間順序，明確看出「已經達成什麼」（或還未達成什麼）、「已學會哪些知識」（或尚未學會）……等等。

對目標的反饋

新計畫	期待的成果	比較（半年後．一年後）
提高英語能力	**例1** 前往海外大學留學 >使用學術性英文的技巧（成果） →在大學裡多選修用英文上課的特別課程 >TOEFL及格（目標） →每三個月考一次 >一年後留學海外（結果） **例2** 升上部長職位 >流利的商業英語（成果） →將來志願請調海外分公司 >TOEFL超過800分（目標） →報名半年期的特別課程 >升等考試及格（結果） →報考十月底的升等考試	讀寫的分數大致上達成目標，聽力還需要多加把勁。 參加海外大學開設的英語補習課程，思考留學的可能性。 >TOEFL成績達成900分 >升等考試及格 >申請轉調海外分公司

此外，同時分析以下幾點也很重要。

- **反省點（是否有失誤、怠惰、驕矜自滿之處）。**
- **改善點（選擇是否妥當、理解是否變更、是否需要採用新手段）。**

若反饋結果發現做得還不夠充分，不要擔心被指責「早知道做∼就會成功了」，誠實地將不足的地方寫下來。

分析上述基本反饋內容時，甚至可能無法清楚寫出現在正在做什麼，或設定不出具體的目標。

然而，請發揮毅力堅持分析反饋，漸漸地，一定能掌握設定目標與分析方法的訣竅。

如上所述，對自己行動做出反饋，能幫助我們深入理解自己的特性、性格、思考方式、態度、行動模式等等，找出自己最能接受的方法。

27「掌握狀況」與「解決問題」的能力，將引導你走向成功

Point

- 正確掌握狀況
- 磨練解決問題的技術
- 打破集團主義的概念

前面提過，反饋的功能之一，就是幫助我們及早察覺「達成目標的過程中可能發生的問題」，養成「迴避或解決問題的力量」。

掌握狀況，擅長解決問題的人，成功的機率往往比其他人高。從這樣的人身上，也經常能看到受周遭信賴的情形，具有成為領導者的素質。

這兩種能力，也是本書主題「獨立思考、表達」過程中很重要的能力。因為這兩種能力與「自己的思考正確到什麼地步」、「思慮夠不夠周到」、「在對別人表達的過程

中是否容易產生誤差」等問題有密切關係。

以下，我將帶大家一起來看看如何透過反饋，提高「掌握狀況的能力」與「解決問題的能力」的技術。

文化人類學者約翰的「田野調查」術

底下要介紹的是我在牛津大學的同班同學，英國人約翰的例子。約翰專攻文化人類學（Cultural Anthropology），在牛津大學的博士論文寫的是關於日本小學社團活動的研究。

文化人類學者必須在自己研究的對象或地區停留一段時間，透過觀察、詳盡記錄並分析當地人及當地日常生活，找出人們的行動模式，闡明文化價值的根源。這種研究手法稱為「田野調查」，實際上觀察記錄下的內容則稱為「田野筆記」。

過去約翰為田野調查赴日時，曾經到我女兒就讀的小學觀摩上課情形。當時，他用認真的眼神仔細觀察人們的行動和教室裡每個角落發生的事，鉅細靡遺地記錄在筆記上。

回家後，約翰讓我看他的「田野筆記」，筆記上寫滿了密密麻麻的觀察事項。約翰並不只是單純記下所見所聞，也加入學術觀點的解釋和他自己的意見，用各種不同顏色的筆區分記錄。

和約翰研究領域不同的我，請教了他做「田野筆記」時有什麼特別訣竅。約翰說，他為了盡可能客觀地整理、分析記下觀察到的事物，著實費了不少工夫。

約翰在記錄田野筆記時的工夫，正好就是對「掌握狀況」和「分析問題」很有幫助的技巧，以下請看我的介紹。

用「田野筆記」正確掌握狀況

掌握狀況的能力，指的就是為了客觀觀察事實，盡可能正確收集情報，再基於收集來的情報整理、分析問題的能力。

若想正確理解狀況，不受偏見和先入為主的主觀影響，也不受不必要的情報攪亂，需要花費哪些工夫呢？

❶正確記述察覺到的事

掌握正確狀況的第一步，就是盡可能詳細記下所見所聞，並且養成客觀描述的習慣。聽起來簡單，實際做起來並不容易（大家都有過只寫了三天日記就因三分鐘熱度而中斷的經驗吧？）。

除了正確記錄，遇到無法理解或無法認同的事時也不要置之不顧，一定要抱持不厭其煩的態度加以調查，或是請教別人，直到理解為止。

養成這種習慣之後，慢慢地，你**將發現過去被自己眼睜睜忽略的事，觀察事物時也能立刻察覺重點，成為預測種種問題，提高理解能力的基礎**。

這種田野調查的基礎習慣，同樣能應用在「思考、表達」的行為上。嘗試一次看看吧，把自己思考、表達的過程從頭到尾寫成一份「田野筆記」。

無論多小的事件都可以，請先養成把察覺的事全部記錄下來，再著手進行調查的習慣。這麼做了幾次之後，就能從中掌握自己行動時的優缺點，養成找出與他人溝通時潛在「問題點」（或是可能形成問題點）的能力。

❷區分能力

掌握狀況的下一個步驟，就是將記錄清單中的事項分門別類。分類基準可以是「形狀」、「性質」、「習慣」、「行動模式」或「有問題的，沒有問題的」……總之，明確分類並記錄下來。

諾貝爾物理學獎得獎者江崎玲於奈博士曾說，人類的智能分為「區別力」和「創造力」兩種。活用「區別力」可正確、公平地分類事物並加以判斷，活用「創造力」則能不斷推出新點子。

假設我們整個人生的勞動期間是從二十歲到七十歲，那麼在這段期間中，二十歲的「區別力」是零，接下來逐年遞增，在七十歲時達到一百。相較之下，「創造力」在二十歲時是一百，逐年遞減，到了七十歲時減少為零。

反饋很重要的一點，**就是鍛鍊我們如何活用知識與經驗掌握狀況，加以分類，從中判斷何者需要、何者不需要的「區別力」。**

「I‧Y‧X‧W」思考分類法

用「I」「Y」「X」「W」思考進行分類‧整理

我在約翰的筆記中發現到處都大大寫著英文字母的Y、X、W，並利用字母形狀的空白處，分類整理記錄下的事項。

用Y分成三類，用X分成四類，用W分成五類（有時也會加入「I」，分成兩類）。

為了整理收集來的資訊情報，首先要知道如何分類，這時就需要制定類別。先決定將複數情報或事項分成幾種，再訂出自己方便整理的類別，將類別想像成檔案夾，為每個檔案夾加上清楚易懂的名稱，再將各事項分門別類放入對應的檔案夾。

前面也說明過，人類大腦為了記憶，又或

是為了保留別人留下的記憶，不能一次記下太多東西。利用「Y」、「X」、「W」分類法，把龐雜的事項分為三到五個類別，有助於將記憶固定在腦中。

【練習：使用I・Y・X・W分類法】

請用「I」「Y」「X」「W」分類法整理以下二十個項目。

橡皮擦、鉛筆、指甲刀、筆記本、圓規、
手機、迴紋針、柳橙、漢堡、
耳機、MD、便利貼、馬克杯、
PC、吐司、手帕、牛奶、電燈泡。

〔例〕

I分類：食物／非食物（分成兩類）。

Y分類：自己的東西／設置在教室裡的東西／午餐時間出現的東西（依照持有型態分成三類）。

X分類：使用頻率高／使用頻率普通／使用頻率低／不定期使用（依照使用頻率分成四類）。

W分類：文具／健康管理／食品／IT機械／其他（分成五類）

如果手邊情報太多，還可以使用「檔案夾中的檔案夾」分類法。在以「Y、X、W」分類的檔案夾中，另外做出更小的檔案夾，命名並放入情報項目。這套做法和電腦檔案管理及手機應用程式分類的要領相同，是大家平常就很熟悉的分類法，能很快檢索出想要的情報，相當方便。

用「Y」「X」「W」分類法整理自己的思考，配合狀況選擇本書中介紹的「化為語言表達」的方法，試著實際行動看看吧。

❸讀取流行及趨勢的能力

有時也必須留心新事業及新研究的流行與趨勢，掌握自己現在所處狀況，因應不同狀況選擇最好的做法。

即使計畫的進行一直很順利，到了某個時機也可能因為趨勢的關係而變成做白工。因此，**唯有隨時注意流行與趨勢，經常把注意力放在眼睛看不到的流向上，才能幫助我們發揮掌握狀況的能力，找到最適當的工作方式。**

在我們研究學者之間，為了得知目前最新的研究動向，有一套論文檢索系統。比方說，想查詢日本的論文時，可以在網路上打入「CiNii」加以檢索，非常方便。

所謂解決問題，就是修正「現狀與理想的落差」

如果在掌握問題的階段產生問題，感覺難以表達自己的想法或意見時，一定要想辦

解決問題的方法

現狀（問題）	解決問題（做法）	理想狀態（目標）
>孩子成績退步	>補習・請家教補強	>成績得以維持或進步
>無法在期限內交出論文	>申請延長繳交期限	>順利交出論文
>無法達成業績	>重新思考並修正部門內部計畫	>達到業績目標
>和同事溝通出現問題	>找個正式場合和同事談一談，訂下規則	>創造適當的勞動環境

法解決。

為了在發生這類問題時迅速解決問題，也就有必要掌握解決問題的方法。

❶修正現狀與理想狀態之間的落差

「解決問題」的另一個說法，肯定就是**「修正現狀與理想狀態之間的落差」**。

簡單來說，既然解決問題的目的是達到「理想狀態」，那麼以具體的因應對策修正「現狀」與理想的實際差距，也就達成了「解決」的目的。

上表就是一個例子。

用這樣的方式定義「問題」，或許可說日常生活中的種種努力都是為「解決問題」而生。

❷選擇懂得彈性思考的人

在討論或辯論等與同伴一起進行的事項上發生問題的時候，如果整組人馬都抱持一樣的思考方式，堅持團隊原有的做法，有時不但無法迅速解決問題，還可能使問題更加惡化。**擅長解決問題的人，知道通往最佳結果的捷徑是集合懂得彈性思考應對的同伴，讓彼此自由闡述意見，導出最好的結果。**

打破日本的「縱向社會」

話題回到剛才提及的約翰身上，根據他的意見，比起其他國家，日本「縱向社會」的特性更強。

著名社會文化人類學者中根千枝在《縱向社會的人際關係》（講談社）一書中，介紹了「縱向社會」這個名詞。中根千枝在書中指出，日本人的縱向社會特徵有：①容易形成封閉集團；②集團中呈現長幼排序，重視「上下尊卑」的「縱向人際關係」。

從歷史的角度來看，日本人位於經常面臨嚴苛天災的島國，地理因素的影響很大，加上農村型社會發展等要素錯綜複雜地結合，形成了日本尊崇集團主義的縱向社會。

「日本的義務教育在學習或活動時，傾向以『班級』為單位，人們將來出社會時，自然就不會對集團主義感到困惑。」這是約翰觀察到的日本學校教育現象。

當然，縱向社會也有其優點。因為不鼓勵能力競爭，和歐美社會比起來，集團內的人際關係相對穩定。因此，由意見相同的人們組成的集團，在縱向社會中可以維持得很好。

反過來說，這種特性或許不利於社會發展嶄新創意或革新技術。舉例而言，比較日本的學會與歐美的學會，在議論的活躍程度上，後者贏得壓倒性的勝利。在日本完全不會看到年輕後輩批評知名學者或年長教授的意見，歐美的研究者們卻能毫無負擔地開口批判，交換意見。

在經濟全球化不斷進展的今天，比起能力與理論的正確與否，更重視集團長幼順序的日本「縱向社會」，無論是開發嶄新研究或孕育嶄新技術的精神與環境，或許都已經跟不上時代的潮流。

尊重獨立的個人，即使年齡與思考有所差異，也能以彼此平等的關係為前提，打造自由對話的環境，這才是集團解決問題時最重要的要素。

包括牛津大學在內的歐美各大學中，教師們（不分教授、副教授或講師）一律稱彼此為「同事」。就讀同一個學部或學系的人，也不分年紀長幼、學長學弟、學姊學妹，無關男女性別，所有人都用名字稱呼對方。

當然，在學會或官方正式場合，還是會使用「岡田教授」、「艾斯比諾博士」等稱呼。然而，同事之間還是會用「羅伯特」、「昭人」等名字彼此相稱。藉由「同伴」的親密度，輕鬆自在的氛圍，建立起只屬於這一群人的同類世界。

相較之下，日本大學中的教授們，比起與同事間的關係，更注重的是自己研究室內的講師、助手、學生們的「縱向關係」，因此容易形成講究「長幼有序」的社會。

28 磨練「自我力」，使自己成長

Point

- 察覺自己的強項「自我力」
- 保持積極向前的態度
- 運用在設定新目標上

前一節說明了反饋的主要效果，提到反饋的第一階段是回顧學習或工作等內容，培養掌握狀況並試圖解決問題的能力。

本節將針對反饋的第二階段，說明如何在充實身心後確認自己的強項，以及更進一步設定新目標的方法。

每個人都有自認和公認的「優點」。而這些「特別優秀」的特性，大致上又可以分

何謂「自我力」？

成兩種。①是與「能力」相關的部分；②是與「人際關係」相關的部分。

❶與能力相關的部分

「英語讀解能力」、「數學解題能力」、「處理資訊情報的能力」、「設計能力」、「音樂演奏的能力」……等等。

❷與人際關係相關的部分

「溝通能力」、「維繫人與人之間關係的能力」、「每到一個地方立刻融入其中的能力」……等等。

我將以上兩個部分加起來的能力稱為「自我力」。也可以說是在與他人比較時，感覺自己較為勝出的「自信」。

培養「能力」，發掘「自我力」

無論求學或工作，都需要「能力」去完成被賦予的學業進度或工作任務。「能力」可以靠在學校受教育學得，或是在工作由上司指導而獲得，也可以是自己用功考取的執照，參加講座得到的收穫……等等。只不過，某種程度來說，這些都是透過學習才「成為自己的東西」。

另一方面，天生擁有的東西則稱為「長才」，也可以說是「強項」。換句話說，**「自我力」並非靠學習而得，而是與生俱來的天賦**。因此，我們該做的是去發掘「自我力」，使其顯現出來。

舉例來說，有的人能和剛認識的對象馬上打成一片。不管別人再怎麼「羨慕」這種能力，對他來說卻是日常生活中理所當然的事，因此不容易察覺那就是「自我力」的一種。

接下來，我要介紹的是「積極反饋」（ＰＦ）。

ＰＦ是一種增強人們積極度，使能力朝好的方向發揮的方法。基本上，ＰＦ就是接收來自他人對自己的「稱讚、評價、報酬、贊同」等肯定詞語或印象，藉此**引導當事人發現自己的天賦長才，達到增強學習或工作意願的效果。**

以下是ＰＦ的步驟。

STEP① 請來父母、朋友、同事等熟悉自己的人。

STEP② 為聚集前來的人們營造輕鬆和諧的氣氛，可以選擇適合喝喝茶，聊聊天的地方。

STEP③ 請大家直接點出他們認為你「值得肯定」的「正面特質」，或者可以寫下來（只有關鍵字也沒關係），同時請問他們原因。

STEP④ 拿著大家所舉出的正面特質，對照過去的成功經驗（學習、工作、藝術活動、人際關係……），思考其中關聯。

STEP⑤ 認識「自我力」。那可能是過去自己下意識的行為，因為太理所當然而沒有察覺，可藉由這次機會確認自己的強項，轉化為自信。

在朝一個新的目標邁進的時候，不妨嘗試用ＰＦ掌握「自我力」。

與ＰＦ相反的是「消極反饋」。和ＰＦ正好形成對照，消極反饋提出的是「否定、批判、懲罰、反對」的否定詞語及印象，藉此減少當事人不適當的行為舉止。使用這兩種反饋時，重要的是配合狀況選擇適當的反饋方法。

活用「自我力」，確認自己的「成長」

想要如本書所說，將自己腦中思考的事傳達給對方，從圓融的溝通中獲得充實感，就必須要不斷做出反饋才行。

時代在改變，社會意識與價值觀分分秒秒產生變化，表達的方法當然也不例外。如果不努力嘗試跟上改變，不管是組織或個人都有可能跟不上時代。

年輕時充滿活力，能夠積極與人溝通無礙，隨著年齡增長，或許會開始覺得溝通是一件麻煩事，提不起勁，感受不到雀躍的心情……

無論如何，想提昇表達技巧，增加自我力（藉以實現自我），就必須熟知自己的強項是什麼，把自己放在能夠順利貢獻力量的環境下，確定自己的「願景」和「定位」，

藉由反饋，提高自我力

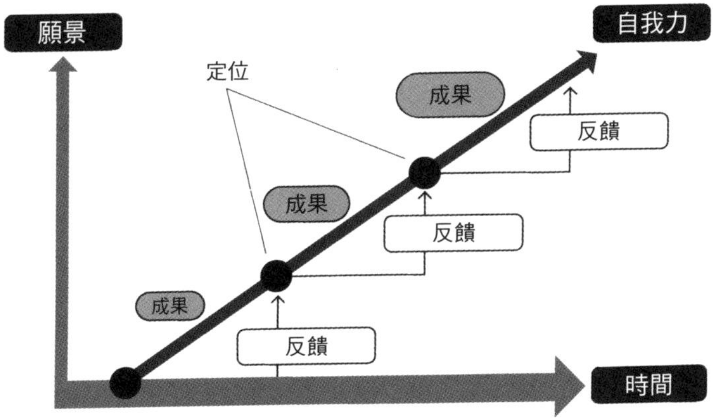

持續走在「成長循環」的道路上。

上面這張圖表，縱軸表示「願景」，橫軸表示「時間」。

最初「願景」雖然小，只要在達成之後做好反饋，隨著時間一次又一次地達成與反饋，「自我力」也會跟著增加。與此同時，自己的定位隨之步步高升，就能設定更大的願景。反覆這樣的過程，實現更高次元的「自我力」。

29 以「壓力控制術」提高思考與表達的能力

Point

・察覺壓力
・管理壓力
・化壓力為助力

職場、家庭、近鄰往來……生活中的「壓力」是無法迴避的存在。有像「工作太忙」、「擔心小孩教育問題」、「煩惱老後退休生活」等有所自覺的壓力，也有完全沒發現，最後導致嚴重後果的隱性壓力。

本節主題是對「自己思考表達過程」的「反饋」，其實也和壓力有密不可分的關係。就某種意義而言，反饋就是一種「面對自我」的行為，而壓力太大的時候，往往會造成思考遲鈍，無法深入思考，腦袋混沌不靈光等各種影響反饋的障礙。

「壓力」這個詞，原本是物理學領域的專業術語，意指從物體外側施加力量，使物體產生扭曲的狀態。在醫學與心理學的領域，壓力則是指來自人們心理或身體外部的「壓力來源」（stresser）造成心理或身體的痛苦不適狀態。具體來說，可能會出現「免疫力降低」、「自律神經失調」、「暈眩」、「頭痛」、「食慾不振」等症狀。

根據日本厚生勞動省在二〇一二年做的調查，國民壓力的內容依序是人際關係（四一・三％），工作品質（三三・一％），工作量（三〇・三％）。男女呈現出的數值固然有所差異，綜合來看，壓力最大也最多的原因還是「人際關係」。

牛津式「壓力控制術」

在牛津大學就讀的學生每天接受嚴格的學術訓練，生活中承受著強大的壓力，另一方面，指導學生的教授們又要教課，又有一對一指導課程，必須對學生付出許多關心和照顧，也有著數不清的煩惱。

我發現，這樣的牛津人在學業生活中，因為思考或學習而感覺疲倦或壓力時，往往能夠發揮一種共通的因應能力，一般稱呼這種能力為「壓力控制」。

從字面上應該也能猜想到，「壓力控制」正是一種巧妙對抗自己所承受壓力的能力。接下來就讓我來介紹「壓力控制」的方法吧。

❶對壓力有所自覺

意外地，我們經常沒有發現自己正在承受某種壓力。因此，想控制壓力，**首先必須「自覺」正在承受壓力**。事實上這個階段非常重要，大部分不擅長控制壓力的人都是在這個階段出了問題，等到察覺壓力時，狀態已經惡化得非常嚴重了。

在牛津大學，來自世界各國的學生一起在校園中學習，往往能在與同學的日常會話中發現許多看似理所當然，其實非常寶貴的看法和情報。

牛津大學的學生因為在學期間拚命投入學習的緣故，即使身心已經疲憊不堪，承受過多壓力，卻往往難以察覺。關於這一點，有一次我和朋友們在下課時間進行了討論，也得到一致的結論：出現下列徵兆時，就是應當注意壓力的時候。

- **睡得再久還是覺得累**：即使攝取充足睡眠，隔天還是萎靡不振。
- **連簡單的小事都記不住**：連下課後要去圖書館借書，要去商店買色筆，要和朋友去喝茶等等日常生活的小事都會忘記。
- **來自身邊親友的提醒**：被家人、朋友、戀人、同事、上司或教師指出「你最近看起來好累，臉色好差」。

上述徵兆各位讀者或許也曾經歷過，請記住，這種時候就是壓力號誌亮紅燈的時候了。

❷ 一旦發現壓力就要及早消除

一旦感覺身心累積了壓力，或是找到了壓力的成因，請一定要儘快著手消除。

我也在牛津人身上觀察到共通的消除壓力法，以下介紹一些日常生活中就能輕易完成的方法。

●**散步**：每天散步三十分鐘左右。散步途中盡量找尋「積極正面」的新發現。比方說「那邊開著可愛的小花，好像正看著我」，「聽見孩子們充滿活力的聲音」……等等。持續這個習慣，就能連帶地將平時的思考帶往「積極正面」的方向。

●**閱讀**：牛津人喜愛讀書，不分種類。有研究資料指出，每天只要閱讀六分鐘就能消除壓力。每天讀報，在通勤電車上讀小說，一天只撥出一點時間也沒關係，請養成「閱讀文字」的習慣。

●**冥想**：牛津城裡有不少「瑜伽教室」等文化教室，我有不少牛津的朋友會定時參加相關課程。科學也已逐漸證明，透過「冥想」、「練習呼吸法」等方式可增加大腦灰白質。

●**飲食**：攝取脂肪含量高的食物。和歐美人比較起來，日本人吃的肉類和乳製品較少。有調查結果指出，攝取脂肪含量高的食物能減少心情低落的現象。當然，一定要避免過量攝取。

還有很多其他方法，像是「芳香療法」、「沉浸在興趣嗜好中」等等。對了，日本人還可以加上一項：「在卡拉ＯＫ盡情歡唱」。

我在書桌前工作的時間很長（現在也正在寫稿！），因此，肩膀和腰部經常痠痛僵硬。這種時候，我習慣前往整骨院接受矯正，順便讓自己放鬆一下，轉換心情。適度的飲酒也能振奮心情，不過喝多了只會有反效果。

嚴重壓力的症狀遲遲沒有好轉時，建議儘速前往醫院，請醫生診治。歐美各國家家戶戶都有一位照顧家人精神層面的家庭醫師，和日本人感冒傷風時習慣去診所接受熟悉的醫生診療是一樣的道理。日本已是眾所周知的壓力社會，接受壓力診斷的習慣最好也能像歐美一樣普及。

❸反過來利用壓力

事實上，適度的壓力，有時反而能提昇工作效率，促進學習進度。扭轉「壓力＝壞東西」的公式，試著想成「壓力＝達成目標的機會」吧。

轉換為正向思考

舉例來說，請試著像下面這樣，將負面思考轉換為正向思考（可參考第四章第十九節「重新架構」）。

「想不出好點子。」→「現在正在為想出好點子做準備。」
「人際關係不順利。」→「這是鍛鍊自己成為人際關係高手的考驗。」
「工作很無趣。」→「正因如此，讓它變為有趣的空間更大。」

工作或學業一旦樣板化，大腦使用的部位就受到侷限，結果可能導致全身機能的低下。因此，有時也要嘗試做些平常不做的事，挑戰新事物。

到現在我還是會和學生一起嘗試「攀岩運動」，聽聽他們介紹的「嘻哈音樂」，也會請留學生教我從沒學過的新語言。挑戰許多從未體驗過的事物，造訪從來沒去過的地方，接觸大自然，這些都是很好的消除壓力法。

第一次體驗某些事物時，雖然會伴隨著某種壓力，同時也能使用平常用不到的大腦領域或身體部位，往往新的創意點子就在這樣的過程中誕生了。我認為這也可以說是**「用新的壓力取代舊的壓力，轉變為積極正面的力量」**。

壓力累積太多，思考會變得負面消極，不是滿嘴抱怨，就是把氣出在別人身上。這些行徑又會引發更多壓力，陷入惡性循環，難以脫離壓力的掌控。

二〇〇二年諾貝爾經濟學獎得主丹尼爾．康納曼（Daniel Kahneman）教授，對人類「情感」與經濟活動之間關聯性的論述，在世界上獲得很高的評價。他認為「情感」是腦部運作的證明，也是腦部運作表現在外的形式。

一旦對日常生活感到不滿，自然會對自身情感造成影響。因此，平常就要盡可能懷抱「感謝」的心情，秉持「感動」的態度。

保持積極正面的心情，很快就會發現行動出現明顯的差異。

據說人只要克服過一次壓力，就不會再為同樣的壓力煩惱第二次。

回顧自己與人溝通的狀況，透過一次又一次的反饋加以改善時，也請務必察覺自己和周遭正面臨什麼樣的壓力，整理出因應壓力、消除壓力的方法。

30 突破內心的「障壁」

Point

- 了解自己的「障壁」為何
- 突破自我
- 活用好奇心

作為本章最後一節，我想請大家一起思考如何透過反饋打破內心的「障壁」，也就是如何「突破自我」，藉此得到新的想法，並有技巧地傳達給別人。

牛津人內心一定要面對的三道「障壁」

英語中的「breakthrough」，可直譯為「突破」或向前「躍進」。

配合本書主旨來看，用自己的頭腦思考與表達，正可說是突破阻止這種行為的「障壁」，往前大大「躍進」一步，也可以說是去思考如何達成這個目標。

我和班上同學認真地討論過，牛津大學的學生在畢業取得學位前，人人都會遇到心中三道高大的「障壁」，一時之間無法繼續前進。這彷彿是牛津人無可逃避的「宿命」。

第一道「障壁」，不管怎麼說還是要屬**「一對一指導課程」**。

本書也提到好幾次牛津的一對一指導課程，在課程中必須不斷進行與教授的嚴格問答，每一次都令學生深切體認到自己思考力的極限。

我自己也有一樣的經驗，無論是想法還是表達方式，都曾被教授毫不留情地批判，指出我應當改善的問題點。在一對一指導課程上不斷「撞牆」，每一次都痛苦得讓我想轉身逃離現實。

即使如此，包括我在內，牛津的學生們還是必須努力克服這道障壁。從通過一對一課程的考驗到完成論文研究，這段艱難的過程實在不是我這一支禿筆所能形容。

第二道，是**人際關係帶來的「障壁」**。牛津大學中充滿來自世界各國的頂尖精英，與擁有不同語言文化背景的學生們討論或辯論時，無論是知識量、對學習的積極度，與他人的溝通能力等等，經常令我感到低人一等而焦躁不安，每天都在思考「該怎麼做才能和大家平起平坐」。對我來說，和牛津大學裡的同學交流，就是一道擋在學業生活之前的「障壁」。

第三道「障壁」，**橫亙在自己與未來之間**。牛津大學的學生畢業回到各自的國家後，往往位居肩負國家重責大任的要職，或是接下指導者的工作等，廣受周遭期待。相對地，也會從中獲得眾人尊敬的回報。實際上，牛津畢業生中有不少人回到母國後，成為首相、高官、重量級商業人士等。出身牛津的人才多不勝數。

我自己是個才疏學淺，人生歷練不夠成熟的人，只因同樣畢業於牛津大學，有幸和其他優秀畢業生受到同樣的期待，對我來說反而成了一道高聳的「障壁」。即使如此，只要一輩子帶著「牛津人」的頭銜，就非得克服這些壓力不可。畢業二十年後的現在，我仍如此謹記在心。

牛津式突破自我的想法與習慣

那麼，牛津人都用什麼方法「突破」自己的「障壁」呢？

具體來說，自己的創意或想做的事突然變得明確，感覺眼前視野開闊，人際關係突然好轉等等，這種時期就是「自我突破」的時期。

自我突破是**自己想做什麼，想解決什麼的心情突然高漲（幹勁），為了實現目標而積極改善環境（環境），並且付諸實踐（行動）時，必然會引起的現象。**

舉例來說，假設你是一名足球選手，腦中產生「想準確射門」的念頭，為了達成這個目標開始鍛鍊身體，反覆練習，最後在比賽中真的準確射門。這就是自我突破。

換句話說，自我突破是「幹勁」、「環境」、「行動」三點連成一線時引起的現象。我用以下公式表示：

自我突破＝「幹勁」＋「環境」＋「行動」

簡單來說，無論研究也好，工作也好，想產生打破現狀、想出新點子等「自我突破」，就必須**先找出「障壁」，或是突破之後的新世界「邊界線」，並帶著明確的「意志」和「行動」拓寬這條線。**

幾乎只要在平凡無奇的日常生活中做一點小小的回顧，就能找到自己那條邊界線，

自我突破的公式

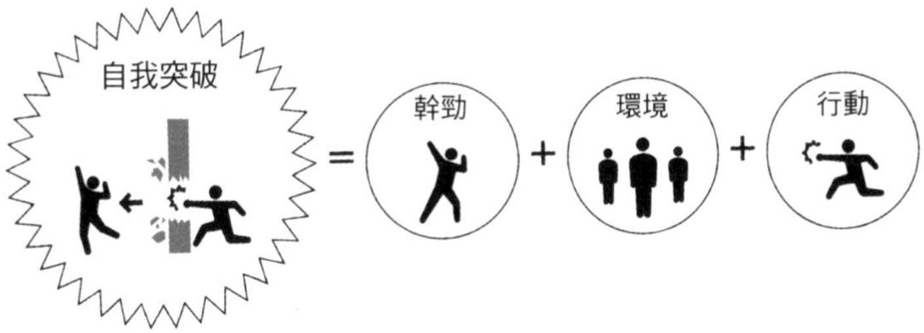

獲得突破自我的機會。

以下我將分享和牛津的朋友之間，用來引發自我突破時的想法、習慣與特別需要注意的事項。

我將放在兩大狀況下進行說明。

❶不改變身處環境仍能克服眼前事態的狀況

- **「保持好奇心」：新的創意誕生於自由思考與行動之中。**

最近，常看到與「好奇心驅動」（curiosity driven）一詞相關的書。「好奇心驅動」指的是為了達成目標，「任憑好奇心帶領自己行動」的過程。這和一開始就設定好目標並展開直線行動的「目標導向」（goal-oriented）不同。好奇心驅動是不受目標束縛，朝各種可能的方向發展好奇心，並自由採取行動，直到獲得新的創意為止。

最近不少企業採用這種方式，獎勵員工將上班時間的「百分之二十」用來探索工作之外的事物（又稱為「百分之二十原則」），可說是一種開發創新想法的手段。

●「計劃下的突發性」：看不到接下來的路時更要抱持希望。

前面強調了秉持好奇心行動對於引起「自我突破」的重要性。

當思考遇到障礙，描繪不出未來展望的時候，最重要的是**連這種不確定的感覺都要予以肯定，全盤接受眼前的現實**。

在「好奇心驅動」之下展開行動時，很容易遇上預期之外的事，從中形成或開發出新的觀點和創意。

因此，為了讓這些預期之外的事更容易發生，就要在目前所處的環境中改變自己的思考與行動模式，使其具有自發性。美國心理學家克魯巴滋（John Krumboltz）稱此為「計畫下的突發性」理論，接下來我會按照步驟說明。

【自發性的思考．行動模式】

好奇心→持續性→樂觀性→冒險心→彈性→好奇心

牛津大學的學生不乏在定期測驗中一再失敗，拿不出研究數據或寫不出論文的人，經常面臨著各種困境。

和我住同一間學生宿舍的美國留學生，專攻工學的史提夫說，光是製作實驗所需的機器，就花了他博士課程第一年一整年的時間。

然而，我在他身上完全看不出因此沮喪焦慮的精神狀態。問他為什麼，他說自從來到牛津之後，除了研究之外還培養了種種嗜好，並且樂在其中。像是學做英國菜、享受划船的樂趣、國內旅遊等等，因為專注在這些英國特有的嗜好和休閒上，使得與研究有關的負面情緒從腦中消失，心情也輕鬆了起來。除此之外，他甚至達到在挑戰這些新事物的過程中產生許多新靈感與新創意的境界。

雖說這也是美國人獨特的「隨性」精神，老是太正經、想太多的日本人，確實有值得向他學習的地方。

像史提夫一樣遇到現狀停滯不前，不確定未來發展會如何時，**牛津人更會以正面的態度接受現狀，任憑好奇心自由發展，在積極而自由的行動下，創造出獨特的創新思考。**

❷改變身處狀況再次挑戰的狀況

● 加深與其他業界或不同研究領域人士之間的交流

過度執著於自己的專業，會使我們在看待事物時，很容易受到既有的框架侷限。這種時候，不妨找些與自己專業毫無關聯的業界或不同領域的人士交流，交換彼此的意見。

拿其他領域中視為「理所當然」的做法應用在自己的專業領域中，出乎意料地，有時可能因此轉換出前所未有的想法。

● 暫時離開自己隸屬的社會及文化

有時，乾脆飛到海外的做法也有必要性。我至今去過許多國家，現在也有機會和來自三十多國的留學生在課堂上交流。

由於經常接觸這些與日本人「相去甚遠」的習慣及思考方式，漸漸地我開始得到過去想也想不到的創意，學會未曾有過的思考方法。

自己浸淫的世界並不代表全世界。從原有的世界裡跨出一步，有時能夠幫助我們找到新的路徑或方法，有時甚至能引發劃時代的嶄新創意。

●「欲速則不達」的重要性

「人生就像一條路，最近的一條路往往是最難走的一條。」

這是英國哲學家法蘭西斯·培根（Francis Bacon）的名言。我認為這句話也可以用來形容通往知識邊境的道路。要走到那裡，肯定需要一段漫長的時間。

我常用登山為例，對學生說明這個道理。在一般常識下，通往山頂的道路一定沿著最平緩的坡度鋪設。這是充分考慮到人的體力所做出的結論，節省體力的同時，它必然會是最花時間的一條路。那麼，「通往山頂的捷徑」又是一條什麼樣的路呢？答案是：「無視懸崖絕壁的危險，直登山頂的險峻路線」。

因為太急於獲得創意點子，忍不住走上看起來像「捷徑」的路，結果這條路可能反而更艱險，伴隨更多危險。具體來說，「太依賴說明書」、「趕鴨子上架」等，都屬於走捷徑的行為。

我曾實際帶幾個學生去爬過富士山。雖然是從標高二千四百公尺左右的「五合目」開始爬，依然花了好長一段時間才總算登頂。登上山頂時的那份感動，或許一輩子都忘不掉。我們甚至當場向彼此確認，這天的經驗絕對會大大影響自己今後的思考方式。

請從頭再看一次本節說明的「為了引發自我突破」所應該培養的想法與習慣。

大家可以發現，這些方法中，幾乎沒有一項的前提與牛津人的「優秀」或「才華」有關。

不只如此，正如本章內容所示，**牛津大學或許是一群抱持成功信念，堅持不斷自我挑戰的「單純」傢伙聚集的地方。**

因此，或許可以這麼想：當你在心中撞上那道「障壁」，瞬間因挫折而差點放棄的時候，不妨模擬牛津式的反饋法，很有可能因此達成「自我突破」。

我總認為，牛津大學之所以有這麼多偉大的人材輩出，達成這麼多的豐功偉業，這份「單純」正是其中關鍵。

對一切備受期待的自我突破帶來莫大影響的，說不定正是那反省自身的勇氣與旺盛的好奇心。

Chapter 6

Essence

牛津人重視什麼

- 把自己的研究（工作）傳遞給後來的人。
- 透過反饋鍛鍊掌握狀況的能力與解決問題的能力。
- 準備一個能自由對話的環境，靠集體的力量解決問題。
- 把壓力想成達成目標的機會。
- 「突破」難關，向前「大躍進」。
- 抱持自己的成功信念，堅持不斷自我挑戰。

後記

彩繪人生的畫筆，握在你自己手中

《牛津人的30堂獨立思考與精準表達課》讀完了，各位有什麼感想？

關於溝通，無論思考、詞彙或語言都存在著很大的個人差異。對於這本書，可能會有人覺得「好難」，也會有人覺得「太淺了」吧。執筆過程中，這是我一直擔心的事。然而轉念一想，只要各位讀者能從書中學到將腦中想法傳遞給別人時的「心境」和基本「技巧」，我或許就可以功成身退了吧。

正如本書前言所述，若要用一句話說明牛津人「用自己的頭腦獨立思考與表達」的技術，那就是「造成破壞」。換句話說，就是去**破壞妨礙圓融溝通的原因，突破自己內心的障礙，打破自己和對方之間的各種「阻隔」，也就是「破壞」（打破、突破），一**

次又一次地達成當下的目的，實現更豐富的自我。本書最大的目的也就在此。

我希望將孕育於牛津大學漫長歷史與學術傳統中，關於「表達」的寶貴智慧與技巧盡量介紹給更多讀者，懷著這種心情完成了這本書。同時我也在書中介紹了「用自己的頭腦思考表達」這件事，是由「準備」、「思考」、「創造獨家話語」、「表達方法」與「反饋」五個階段循環而成。在此，再次將五個階段的精華整理如下：

①「準備——模仿」：找到好老師，一邊模仿一邊追求自我風格。

②「思考——自由」：不受任何拘束的自由想像，養成彈性思考的能力。

③「話語——鍛鍊」：認識話語的重要性，鍛鍊創造文字詞彙的方法。

④「表達——熱情」：在不斷嘗試與錯誤中學習經驗，保持積極表達的態度。

⑤「反饋——改善」：反省所有過程，砥礪磨練自我。

這五個階段反覆循環，**「在自我突破中完成自我實現」，這就是牛津人經過千錘百鍊的溝通技巧。**

希望各位讀者務必前往牛津一遊，感受這個城市散發的神祕氛圍，如此一來，各位一定能更加理解牛津人的力量泉源。此外，雖然只能貢獻微薄之力，我也期盼更多年輕讀者看了這本書後，能夠產生「想在牛津大學學習」的念頭。

思考無法整合，想不出好的詞語，無法正確傳達給別人……日常生活中，當我們在與人對話時總是充滿各種煩惱。不過，這些苦惱並非一一孤立的點狀存在，而是能用一條線連起來的「一筆畫」。

當這「一筆」聯繫起自己和對方時，其中就產生了一條「連結」。反過來說，如果誰都不把對方放在心中，誰都不為無法順利表達而苦惱的話，則永遠無法形成溝通的連結，也絕對無法真正成功地表達自己的想法。

除此之外，人生也是由過去無數溝通經驗連結而成的「一筆畫」，更進一步連結而成的圖案。

那支筆能畫出獨一無二，只屬於自己的人生圖案。不是別人，而是牢牢握在自己手中。別輕易將這支筆交給別人，也不要拜託別人幫你畫，更別說是遭人搶走或剝奪。

正好就在執筆寫作這本書時，國內外關於「表達自由」、「言論自由」的問題日益嚴重，媒體也做了大幅報導。官方對資訊的箝制、貶抑他人的仇恨言論，以及一波波的恐怖攻擊威脅。在這令人不忍看，不想聽，不願開口的世界情勢中，有什麼是我們能做的呢？

我想，除了重新體認本書主題「用自己的頭腦思考表達」的重要性之外，或許別無其他了。衷心期盼這本書能夠對各位有所幫助。

在書寫本書的過程中，我真的獲得很多鼓勵，也得到很多幫助。

說到「用自己的頭腦思考與表達」是什麼樣的一件事？對日本人而言必要的溝通技巧又是什麼？在我思考這些問題時，牛津時代的同學與我在東京外國語大學的學生們、來參加我演講的聽眾、與我分享寶貴意見的各位……您們總是帶給我許多靈感，請容我向各位致謝。我也衷心感謝好友與家人們，謝謝你們總是給我機會思考更多。此外，我也想對設計本書吉祥物「阿牛」的次女岡田奈奈及正在攻讀博士課程的學生林偉說聲謝謝。

最後，在此也要鄭重感謝企劃本書的ＰＨＰ出版集團，以及書籍編輯部的鈴木隆先生。

在本書從企劃到出版的過程中，鈴木先生與我的關係就像足球場上同心協力的隊友。我們一起盤球、傳球、射門，不知構思又修正了多少次，終於完成這本書。如果沒有鈴木先生的助攻，這本書一定無法成功問世。真的是非常感謝您。

在本書執筆過程中，我的父親長眠了。要是沒有父親支持任性的我前往牛津大學留學，一定不會有今日的我。父親教會我勉學的重要，為了報答這樣的父親，我也想仿效總是支持我的父親，不只支持自己的孩子，更誓言為學生們以及全世界追求公平教育機會的孩子們奉獻自己的心力。

人生是一筆畫，描繪這幅畫的筆握在每個人手中。

始終如此，永遠如此。

岡田昭人

Ideaman 167

牛津人的30堂獨立思考與精準表達課【暢銷新版】

原著書名——オックスフォード流 自分の頭で考え、伝える技術
原出版社——株式会社PHP研究所
作者——岡田昭人
譯者——邱香凝
企劃選書——劉枚瑛
責任編輯——劉枚瑛
版權——吳亭儀、江欣瑜、林易萱
行銷業務——周佑潔、賴玉嵐、林詩富、賴正祐

總編輯——何宜珍
總經理——彭之琬
事業群總經理——黃淑貞
發行人——何飛鵬
法律顧問——元禾法律事務所 王子文律師
出版——商周出版
115台北市南港區昆陽街16號5樓
電話：(02) 2500-7008 傳真：(02) 2500-7759
E-mail：bwp.service@cite.com.tw
Blog：http://bwp25007008.pixnet.net./blog
發行——英屬蓋曼群島商家庭傳媒股份有限公司城邦分公司
115台北市南港區昆陽街16號5樓
書虫客服專線：(02) 2500-7718、(02) 2500-7719
服務時間：週一至週五上午09:30-12:00；下午13:30-17:00
24小時傳真專線：(02) 2500-1990、(02) 2500-1991
劃撥帳號：19863813 戶名：書虫股份有限公司
讀者服務信箱：service@readingclub.com.tw
城邦讀書花園：www.cite.com.tw
香港發行所——城邦（香港）出版集團有限公司
香港九龍土瓜灣土瓜灣道86號順聯工業大廈6樓A室
電話：(852) 2508-6231 傳真：(852) 2578-9337
E-mail：hkcite@biznetvigator.com
馬新發行所——城邦（馬新）出版集團【Cité (M) Sdn. Bhd】
41, Jalan Radin Anum, Bandar Baru Sri Petaling,
57000 Kuala Lumpur, Malaysia.
電話：(603) 9056-3833 傳真：(603) 9057-6622
E-mail：services@cite.my

封面設計——FE設計工作室
內頁編排——簡至成
印刷——卡樂彩色製版印刷有限公司
經銷商——聯合發行股份有限公司 電話：(02) 2917-8022 傳真：(02) 2911-0053

■2016年12月初版
■2024年3月28日2版
定價380元 Printed in Taiwan

城邦讀書花園 www.cite.com.tw
ISBN 978-626-390-026-4
ISBN 978-626-390-023-3（EPUB）

國家圖書館出版品預行編目(CIP)資料

牛津人的30堂獨立思考與精準表達課/岡田昭人著；邱香凝譯. -- 2版. -- 臺北市：商周出版：英屬蓋曼群島商家庭傳媒股份有限公司城邦分公司發行, 2024.03 288面；14.8×21公分. -- (ideaman；167)
譯自：オックスフォード流 自分の頭で考え、伝える技術 ISBN 978-626-390-026-4(平裝)
1.CST: 商務傳播 2.CST: 創造性思考 494.2 113000283

Idea man

Ideaman

Idea man